蜡烛的故事

〔英〕法拉第　著

王其冰　译　焦　育　校

扫描二维码，
回复"蜡烛"即可获得数字课程

北京大学出版社
PEKING UNIVERSITY PRESS

图书在版编目（CIP）数据

蜡烛的故事 /（英）法拉第著；王其冰译 . — 北京：北京大学
出版社，2021.8

ISBN 978-7-301-26430-0

Ⅰ.①蜡…　Ⅱ.①法…②王…　Ⅲ.①化学—普及读物
Ⅳ.①O6-49

中国版本图书馆 CIP 数据核字（2020）第 080912 号

书　　　名	蜡烛的故事
	LAZHU DE GUSHI
著作责任者	［英］法拉第 著　王其冰 译
责任编辑	唐知涵
标准书号	ISBN 978-7-301-26430-0
出版发行	北京大学出版社
地　　　址	北京市海淀区成府路 205 号　100871
网　　　址	http：//www.pup.cn　新浪微博：@ 北京大学出版社
微信公众号	科学与艺术之声（微信号：sartspku）
电子信箱	zyl@pup.pku.edu.cn
电　　　话	邮购部 010-62752015　发行部 010-62750672
	编辑部 010-62753056
印　刷　者	三河市博文印刷有限公司
经　销　者	新华书店
	650 毫米 ×980 毫米　A5　6.5 印张　90 千字
	2021 年 8 月第 1 版　2021 年 8 月第 1 次印刷
定　　　价	25.00 元

目录

Contents

第六讲 / 147

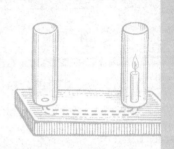

阅读指导（一）

陈晨星

（科学网专栏作家）

科学启蒙的烛火

亲爱的同学，你好！应该由衷地祝贺你，甚至还有那么点儿羡慕与嫉妒：尽管你手中的这本薄薄的小书，看上去并不算十分起眼，但它的的确确是一本货真价实、如假包换的伟大科学启蒙书。

这本书在1868年正式出版以来，历经一百五十余年而享誉世界，时至今日依然有新版本重新面世。也许有人会略带疑惑地问：一百五十多年前的科普书会不会太古老了？诚然，在科技日新月异的今天，我们每个人都身处其中，并感受到其巨大的能量与潜力……比如：

至少每个月，甚至每周，都会有新型号的手机面世，十年前的所谓高端手机，早已可以送去作电子垃圾回收。如此来看，这部书实在是太"旧"了一点。

然而，经典启蒙读物，并非手机或其他时髦的玩意儿，就如同我们可以预言，一千年以后的婴儿发出的第一声呼唤，大多依然是"mama"一样，而绝不会是"iPhone1001"或"HUAWEI P10000"。这听起来像是玩笑，但细细想来：科普书的出版日期会变得日渐久远，涉及的部分知识也会面临更新，但其中被我们今天称之为科学的基本思想与方法，特别是对物质世界的细致观察与思考，绝不会过时；就像童真与好奇是人类与生俱来、永不消失的天性一样。

阅读这本书，我们可以感受到，在法拉第睿智的讲述与巧妙实验中，所传达的如同黑暗中烛光般真切的科学精髓，仿佛他手中那支来自沉船中的蜡烛，不会因岁月的剥蚀而变得晦暗惨淡。恰恰相反，这支被重新点燃的烛火依然光彩夺目，历久弥新。

历史最悠久的科学讲座

《蜡烛的故事》，这本书的内容，是根据著名英国科学家法拉第（Michael Faraday）晚年在英国皇家学院所做的讲座记录、整理而成，时间是 1860 年圣诞节前后。这个讲座共计六次完成。圣诞科学讲座，是英国皇家学院一个历史悠久的系列讲座，它始于 1825 年的圣诞节假期，创始与发起人，正是当时刚刚担任实验室主任的法拉第。讲座主要面向对科学研究感兴趣的公众，特别是青少年，普及科学知识。当然这也是皇家学院建立之初的主要宗旨之一。讲座内容涉及当时科学发现的各个层面，有相对前沿的，也有普及性的。每年圣诞期间会安排一位科学家就其擅长领域做一系列公开讲座。通过妙趣横生的实验或演示，阐释那些高深、神秘的理论或现象，在轻松欢快的气氛中帮助观众以科学的方式认识、理解常识问题，唤起青少年对科学的好奇与热爱。

法拉第一生做过许多次面向公众的科学演讲，最有影响的，无疑是他在圣诞科学讲座中所做的一系列讲座。而"蜡烛的故事"，就是他系列讲座中的一个。法拉第把"蜡烛的故事"作为演讲主题，始于 1848 年，此后他又多次讲过这个主题，最后一次讲"蜡烛的故事"是在 1860 年。

令人遗憾的是，法拉第所做的系列讲座中的大多数内容，未被详细记录留传下来。"蜡烛的故事"由于广受欢迎，又多次被选为演讲主题，无疑是留存下来的精华部分。随着该讲座的名声日隆，伦敦以及英国其他地区的听众带着子女慕名而来。有时甚至是一票难求，往往把可以容纳几百人的演讲厅挤得水泄不通。如果查阅当时的《伦敦新闻画报》等报刊的图片报道，我们可以从中看出当时的盛况。

我们有充分的理由，把法拉第视为热心且擅长科普的大师：他是个多面手，不仅自身科学发现成果斐然，而且能把面向公众传播科学视为自己义不容辞的责任，着实难能可贵。他还针对科学家团体，发起了每周一次的星期五科学讨论会，家属也可以陪同出席，同时面向会员、公众有限开放。每逢周五晚上，专家学者便聚集在皇家学院中，这个沙龙性质的学术研讨活动，吸引了不少社会中、上阶层，以及各界名流到场，近距离地聆听与提问。由于讲座售卖门票，因此也增加了皇家学院的收入来源。

有了法拉第等人的良好开端，以及后来众多来自不同领域的科学家的参与，一百多年来，这个圣诞科学讲座，如同圣诞夜的团圆大餐一样，成为英国圣诞传统的一部分，从维多利亚时代兴起，并发展成为一种独特的文化现象。有人曾说，是著名作家狄更斯，于 1843 年创作《圣诞颂歌》中所构思的奇幻故事，为这个节日定下了新传统。其实，单从时间上来看，更早开始的圣诞科学讲座，又何尝不是呢？在圣诞与新年期间，无论成人或孩子、男子或妇女，上至王公贵族下至工匠平民，都有可能对普及性演讲的内容兴趣盎然、津津乐道。比如，在一次讲述蜡烛故事的台下，前排就坐着维多利亚女王的丈夫阿尔伯特亲王和两位少年王子。其中一位小王子听完讲座回去，就马上给法拉第写信，表达他对科学的憧憬，后来还选择了到爱丁堡大学攻读化学专业……讲座的最大听众群体与受益者，当然还是这些来自不同阶层的青少年，也就是被法拉第称作 juveniles 的孩子们，尽管中、上阶层的子弟无疑占据多数，但平民出身的法拉第，也没有忘记那些与自己少年时境遇相仿的小朋友们，他们中的一些人，后来也成为科学家或工程师，甚至是新的圣诞讲座主讲人。

从现有的资料来看，除了第二次世界大战期间中断四年外，圣诞科学讲座每年都会在圣诞节期间如期举办，长盛不衰，也与时俱进。从20世纪30年代开始，英国广播公司在圣诞节期间的转播，无疑让其他地区的更多人可以欣赏到高水平的科学演讲。多年来，演讲的话题涉及科学、技术、工程、数学等方方面面，至今已有一百九十余讲。因此，这个讲座，恐怕是到目前为止持续最久的公众科学讲座。许多世界著名的科学家，都曾做过讲座，包括诺贝尔奖获得者布拉格父子（William Henry Bragg & William Lawrence Bragg）、大卫·爱登堡爵士（Sir David Attenborough）、卡尔·萨根（Carl Sagan）等。

随着此类科学传播活动的流行，英国最高学术机构英国皇家学会，也在 1986 年设立"法拉第奖"，专门奖励像法拉第一样，对科普做出特殊贡献的科学家。该奖每年颁发一次，奖励一枚银质奖章和 2500 英镑奖金。同时，每位获奖者在获奖时，还应做一次科普讲座，时间是来年一月份。

如今，英国每年还有各种形式的科普活动或讲座，时间、地点、形式、受众各异：周末的、电台的、博物馆的、大学的、社区图书馆的等，博物文化与科学文化氛围相当浓厚。我本人也有幸亲身体验过其中一些活动，并为之叹服。当然，近年来，我国的科学普及与科学传播，也有了迅猛的发展：旺盛的市场需求、多样化的活动和出版物、多元化的渠道和媒介等都是明证。

自学成才的大科学家

下面，我再来讲讲法拉第的故事吧。我们现在处在一个无论什么信息都可以通过网络进行搜索的时代，你也许只需用几秒钟，就可以找到关于法拉第的词条，并读给别人听。这个方法的确不赖，有点像信息快餐，甚至你还能收获一些廉价的赞许当作调料，但还是希望你不要止步于此。而是要尽量多地去了解这位既平凡又伟大的人。这样，一定会对你有所启迪。

1791 年，法拉第降生于一个贫苦的铁匠家庭，由于父亲过早丧失劳动能力，而且家中孩子较多，小法拉第前后只念过两年多的小学。由于家境不好，生活艰难，年幼的他有时还要去跑腿打零工。法拉第的父母都是虔诚的基督徒，他们正直、自律、坚韧的性格深深影响了法拉第。一个救济所领来的面包，硬生生要切成14片，变成自己一周的口粮，早晚各一片，不能多吃一口。小法拉第艰难挺了过来。13岁时，他告别学校，去一家书店做学徒工。学徒的第一年先是送报，风里来雨里去地满伦敦跑。书店老板看他勤快伶俐，一年后就正式收他作学徒。那时的书店与现在有很大的不同。因为以前图书普遍稀缺昂贵，销量少，普通家庭根本买不起像样的书，因此卖书并不是书店的主要经济来源，而残旧书籍的翻新，以及与之相关的各类装订、装帧服务，成为主要营生。心灵手巧的法拉第，很快就学会了这门手艺，装订质量也渐渐可以媲美熟练的师傅了。日后他能抓住机遇，与这项技能也有很大的关系呢！

法拉第入门很快，一有空闲就在书店广泛阅读。毕竟是近水楼台，其中的许多书是外面不易找到的。法拉第如饥似渴地读着，他更钟情于博物类和科学类的书籍，比如《不列颠百科全书》《化学漫谈》等。尤其是《化学漫谈》中所描述的化学实验，让法拉第着迷。他几乎把书中的每一个实验都做了一遍。当然，一些电学仪器和化学药品，都是他利用自己积攒的微薄工钱，或者想方设法买来材料自己制作出来的，或者在旧货市场淘换来的。寄居的阁楼，成了他简陋的实验室。在学徒期间，法拉第曾有机会专程十几次去听塔特姆自然哲学讲座，并整理装订出精美笔记；也曾给住在附近的流亡法国画家擦靴子，以此作为学费来换取学习绘画的机会……年轻的法拉第对知识总是充满渴求，对科学更是无限向往。

古语说得好："君子藏器于身，待时而动。"一次偶然的机会，法拉第从一位赏识他的老顾客手中，得到了戴维化学讲座连续四场的入场券。这使他喜出望外。

戴维（Humphry Davy）是当时英国名噪一时的化学家，他的讲座激情四射，场场爆满，一票难求。在皇家学院演讲大厅中，戴维的生动演讲，深深吸引了年轻的法拉第，彻底点燃了他的科学梦想。从此，法拉第暗下决心，有一天也要像戴维一样进入科学的殿堂。

这一天终于到来了！1812年，21岁的法拉第学徒期满，他通过自己的不断努力，再加上一点点运气，终于成了戴维的实验助手，走上了科学发现的人生旅途。再后来，法拉第青出于蓝，凭借自身的努力，做出了许多重要的发现和发明，譬如，发现了电磁旋转、电磁感应、磁致旋光现象，发现了电解定律，发明了世界上第一台发电机和第一台变压器，提出场、力线等重要概念，还发现了苯、多种气体的液化方法、合金材料……不夸张地说，法拉第的人生重要转折，正是得益于皇家学院的科学讲座。

戴维也为近代化学做出了许多重要贡献，他是钾、钠等多种元素的发现者，也是安全矿灯的发明人。他在去世前曾感慨："我一生最大的发现，就是发现了法拉第。"戴维说这话时，法拉第已经是名满天下。令人钦佩的是，法拉第成名后依然保持一颗平常心。他晚年曾经两次被推荐担任英国皇家学会主席，但都被他回绝了。英国女王打算授予法拉第贵族荣誉，也被他婉拒。以他的贡献，本可以葬在牛顿的身旁，但他却选择以平民的身份安息……

揭开隐藏在蜡烛中的奥秘

让我们再把视线转回到这本书吧。通过前面的介绍，也许你有点迫不及待了吧？将皇家学院科学演讲传统发扬光大的法拉第，又将如何为我们揭开隐藏在蜡烛中的奥秘呢？如同戴维点燃了法拉第的科学梦想，而法拉第的演讲，是否也能点燃你对科学探索的热情呢？

法拉第从蜡烛最初的材料和制造方法开始，以小见大，通过分析蜡烛燃烧时所发生的一系列物理、化学过程，抽丝剥茧般地解释了"万事万物"中一些基本现象。其中涉及几种常见化学元素，及其气体或物质属性研究。从氢、氧、氮、碳、钾，到空气、水及水蒸气、二氧化碳、石灰水等，通过一系列环环相扣的演示实验，涵盖物理、化学、生物等学科的核心入门知识，从毛细作用到电解实验，再到呼吸过程，法拉第为初学者推开了科学的大门。在书中一开始，法拉第就强调了，以蜡烛作为选题切入的重要意义，以及他个人对该题材的偏爱。法拉第把蜡烛的研究作为演讲选题，是相当高明的。蜡烛很寻常，但内涵丰富，构造简单偏偏又包罗万象，不仅实用，还能唤起美感。正是这种独特的视角，让讲座不同于刻板、灌输式的传统课堂。并且，法拉第凭借多年磨炼积累的演讲经验与口才，令人有茅塞顿开之感。

　　法拉第擅于直观对比。譬如，在解释蜡烛中心杯状凹陷形成的原因时，对比被吹动火焰蜡烛的明显变化——观察到杯口的破裂与溢流，由此说明正是由于无风烛焰四周均匀受热形成上升气流，使杯口外沿始终处于较低的温度状态；为了展示水蒸气与同质量水的体积差异,法拉第直观地给出两个体积悬殊的立方体;还有充满氢气的肥皂泡,和充满二氧化碳的肥皂泡的浮沉对比等。类似的例子,在书中随处可见。

法拉第注重生活体验。譬如,实验中,他收集展示了不同原料、种类的蜡烛,还有来自遥远东方的礼品;从孩子们熟悉的圣诞抢葡萄干游戏中,发现不同物质燃烧火焰形状的差异;用玩具吸盘来讲解大气压强,鼓励孩子们从游戏与玩具中探索研究,加深对科学原理的理解。

法拉第引导推理归纳。譬如,通过实验对于蜡烛火焰亮度的分析,说明气体可燃物可以产生火焰,而其光亮程度是由熔点高的固体颗粒决定的,这也解释了蜡烛火苗为何明亮,以及烟花何以绚烂。读者会随着实验的切换、逻辑的线索,一步步得出可信的结论。

法拉第注重问题启发。讲座中的许多实验都会有相关的问题,可能是解决一个问题,也可能是提出下一个新问题,譬如,"为什么空气不如氧气那样，能让蜡烛燃烧得更旺？""如果碳像铅或者铁一样燃烧，生成固态的物质，那将会得到什么结果？"在特定情境中生成的问题，成为讲座内容的重要串联。

法拉第揭示事物的联系统一。譬如，在讲座的尾声，法拉第演示人呼出的气体可以使石灰水变浑浊，与蜡烛燃烧时所发生的情况相似，从而寻找呼吸与燃烧的关联。在论证中，不仅普及了人体生理的常识，而且建立了对环境中的碳排放的认识；由此再进一步讲到植物对碳的吸收，以及整个地球生态系统的统一。开阔的视野与联系的思维，令人豁然开朗。

蜡烛故事所彰显的价值远不止以上的简单归类，还有系列演示实验的精巧设计，实验中安全意识的建立，对自然现象中的和谐与美的感悟，对人生价值与生活哲理的升华和阐发，这些都能跨越时代的隔阂，值得每位读者细心品味和领会。

当然，一百多年前的基础知识有些还不完

善，有些现象以现在的理论看，还没有被充分地解释，诸如空气的成分里缺少惰性气体。一些名词的命名也存在变化，这里就不多说了。

如何阅读《蜡烛的故事》？

毫无疑问，《蜡烛的故事》这本书，主要面向的群体是儿童和青少年，适合从小学到高中不同年龄段的学生阅读，也适合那些对世界仍充满好奇和欣赏的成年人。这从法拉第的科学演讲大受公众欢迎的盛况，就可以看出来。

这本书字数不算多，甚至可以说很少，囫囵吞枣式地翻看也许费时不多，但难免意犹未尽；它不像朋友圈的小视频那样短小搞笑，也不会像连播肥皂剧那般冗长无聊。它需要你静下心来，慢慢地读，一步一步读进去。凭借书中的插图，你要充分调动自己的想象力，跟随法拉第娓娓道来的演讲、妙趣横生的实验，去探索追问。不妨记些笔记，把你获得的新知，按线索整理出来。

如果有条件，书中的某些相对安全的实验，也可以试着做一做。不要小看这些实验，对当今的科学家来说，这些实验中，也仍有许多值得深入研究的地方，说不定你也能有新发现呢。此外，最好在老师或家长指导下进行实验，无论如何一定要注意安全！

让我们穿戴得体，跟随维多利亚时代攒动的人流，经过位于阿尔伯马尔街的皇家学院立柱林立的门廊，拾级步入半圆形阶梯演讲大厅，有点儿费力而又不失礼貌地侧身找到自己的座位。刚刚坐定，你已注意到会场上方悬挂有许多明亮的球形煤气灯，地面中央放置着一张宽大结实的实验台兼讲台，上面有一些高低错落的新奇仪器。这时，一位头发灰白、身着黑色礼服的长者缓步走到台旁，面带微笑向大家点头致意——想必你已经猜到他是谁了——只见他习惯性地将左手四指紧握，拇指按住台面，右手高高擎起一支蜡烛……

嘘，全场立刻安静下来。讲座真的开始了！

阅读指导（二）

武夷山

（中国科学技术发展战略研究院研究员）

19世纪英国科学家法拉第的科普讲座，用魅力四射来形容一点都不过分。37年间，他总共做了126场科普演讲。在英国银行1991年至1999年发行的20英镑钞票上，就以表现法拉第1855年12月27日做圣诞科普演讲的石版画作为背景图案。这次演讲的听众包括威尔士亲王和阿尔弗雷德王子。

在法拉第之前，化学家汉弗里·戴维已经以擅长科普演讲而著名。戴维做的科普讲座的热心听众中，有一位是当时的书店装订工法拉第。他听了好几场讲座，做了详尽的笔记，后来将这些笔记寄给戴维看，并表示他对科学的兴趣。经过戴维的艰难周旋，1813年3月，无文凭的法拉第进入英国皇家研究所工作。他的科学生涯的肇端就与科普讲座联系在一起，他后来如此热情地投入科普演讲，恐怕也与他对科普讲座的感激之情有关吧。

他开始的工作是担任演讲者的助手，后来才走上演讲台。但经过前三个月的观察，他对构成优秀科普讲座的要素已经心中有数了。他在给伦敦市哲学学会的老朋友本杰明·阿伯特（Benjamin Abbott）的书信中发表了他的看法。首先，演讲厅的形状很重要。他比较了伦敦三家总体上都不错的演讲厅，最后得出结论是英国皇家学院的演讲厅最好。其次，要考虑观众，应根据观众面的特点来决定演讲的选题。法拉第举例说，解剖学就不是个合适的题目。再次，演示仪器极其重要。为了抓住观众的眼睛和耳朵，所有演示过程和演示物品都要让观众看得很清楚。最后，演讲技巧不是可有可无的。语速要不急不缓，不要背对观众，演讲中间不要休息（但总时长最好不超过 1 小时）等。

法拉第并不是天生的演讲家，而是苦练出来的。在进入英国皇家研究所之前，他曾在伦敦市哲学学会做过几场报告，稍微有一点实践经验。为了进一步提高演讲水平，他于1818年修习了由著名演讲术教师本杰明·斯马特（Benjamin Smart）举办的演讲课程。后来，他还请斯马特对自己进行一对一的辅导。1827年，他请斯马特来出席他的科普演讲，给以现场指导。斯马特对自己的这位得意门生很欣赏，将1855年发表的一本著作题献给了法拉第。斯马特并不是在提高演讲水平方面给予法拉第唯一帮助的人。法拉第在伦敦市哲学学会的另一位老朋友爱德华·马格拉斯（Edward Magrath）经常来出席法拉第的讲座，给他挑毛病，并在法拉第演讲过程中不时举起专门给法拉第看的小牌子，上面写着"慢点""注意时间"等。法拉第的助手查尔斯·安德森（Charles Anderson）在实验演示的准备工作等方面也给了他极大的帮助。从某种意义上说，法拉第科普讲座的成功也是团队合作的结果。

　　冰冻三尺，非一日之寒。法拉第无论在科研还是科普方面的成功，皆来自其长期的、一丝不苟的勤勉和努力。

开讲前的话

.

　　为了答谢诸位光临，我打算在这一系列报告会上讲一讲蜡烛的化学变化过程。这个题目此前我已在别处讲过，但假如依我本意，我愿年年讲，因为这样的题材太引人入胜了，它给科学的各个领域带来的思考是那么精彩纷呈。普天之下没有一条法则和规律不与其相关。若论起科学研究，没有比研究蜡烛的物理和化学现象更容易入门、更透彻明白的了。因此，我相信我选择这个比较老的话题来讲，不会让你们失望；其他话题即使很新颖，但不见得比蜡烛的故事更好。

　　在开讲之前，我还要说明一下：虽然我们这一主题牵涉的范围很广，同时我们也想本着诚实、严肃从事科学研究的态度来对待它，但是本报告不是面向我们当中的年长同事。我希望允许我像对小伙伴们谈心那样无拘无束。在以前的报告中我就是这么做的，所以，如果你们允许，我还会这么做。有鉴于此，尽管我站在这里，知道我说出的话是面对公众的，但是无碍我对在场的听众，用家常话来讲讲这个主题。

第一讲

1. 蜡烛是怎么制成的？

现在，我先向你们介绍蜡烛是用什么制成的。这相当有趣。我这里有几块木头，还有大家熟知的容易点着的树枝。你们看这一段奇怪的东西，它取自爱尔兰沼泽，叫"蜡烛木"。它是一种坚硬、粗壮的优质树木，显然是用来作棍棒的好材料，但是也易于燃烧。在它被发现的地方，人们把它劈成小块，做成火把，用来照明。它像一支蜡烛那样燃烧，发出的光很亮。我认为，用这种木头来说明蜡烛的一般特性，真是最生动、最具体的形象化教材了。现在，燃料有了，使这种燃料发生化学作用的媒介也有了，再在发生化学作用的地方，提供稳定持续的空气，于是，一小块这样的木头，就会产生热和光，实际上，就是一支天然蜡烛。

不过我们必须以市场上售卖的人造烛为对象。这两支人造烛，就是通常所谓的蜡烛。这种蜡烛的做法，是把一段一段的棉纱芯一头打个活结吊起来，浸到熔化的动物脂里，然后提起来冷却，再浸入动物脂里，直到层层油脂包裹住棉芯，这时，蜡烛便做成了。为了让你们对这种蜡烛的各种特点有个明确的概念，我给大家作个演示。你们看我手中的几支蜡烛，它们样子又小又怪，是以前煤矿里矿工使用的蜡烛，如今也还有煤矿在使用。在过去，矿工下矿井采煤，不得不自备蜡烛，而且他们还认为用的蜡烛越小，越不容易引起矿井瓦斯爆炸。由于这个原因，也为了节省，矿工便把蜡烛做成分量极轻的小蜡烛——每磅①材料可做成 20 支、30 支、40 支，或者 60

---

① 磅（lb），1 磅 =453.592 克。——编辑注

支蜡烛。后来，自采煤机出现后，这样的蜡烛就被戴维灯（煤矿安全灯）和其他各种各样的安全灯取代。我这里还有一支蜡烛，据说是帕斯莱（Colonel Pasley）上校从"皇家乔治号"沉船上弄到的。[①]这艘船沉在海底很多年，遭受海水的侵蚀，因此我们也可以看出，蜡烛具有多么良好的耐久性。虽然它已斑驳破裂得不成样子，可是一旦点燃，它照样能燃烧，并且蜡脂一熔化，它便恢复了本来的样子。

伦敦朗伯斯区的菲尔德先生（Mr. Filed）给我提供了很多美丽的蜡烛样品和蜡烛原料，现在我要说说这些。我认为，起初人们是用牛的脂肪——也叫俄罗斯牛脂——制造这些有芯蜡烛的。是盖·吕萨克（Gay-Lussac，法国化学家、物理学家），也可能是某个人采用了这种办法，将这些脂肪炼化成硬脂这种好东西，你们看，就

---

① 皇家乔治号 1782 年 8 月 29 日在斯皮特黑德海峡沉没。1839 年 8 月帕斯莱上校着手打捞沉船。因此法拉第教授展示的蜡烛想必已被盐水浸泡了 57 年。

是放在旁边的这些。大家知道，现在的蜡烛不像普通动物脂肪烛那样油腻腻的，而是非常洁净，即使你把蜡油滴刮掉或者弄碎，也不会在物体表面留下任何污损。蜡烛制造法是这样的：^①首先把牛脂等动物脂加上生石灰一起煮沸，然后制成肥皂似的糊状物，再用硫酸将其分解，除去石灰，留下的脂肪便成了硬脂酸，同时产生一定量的甘油。甘油是一种类似糖的物质，是在上述化学变化中从牛脂里产生的。它跟硬脂酸混合在一起，所以必须将它们分开，通过压榨的方法就可以分离出来；你们看这是压榨过后的饼子，可知随着压力不断增加，油脂也把杂质巧妙地带出

---

① 脂肪或牛油是脂肪酸和甘油的化合物。石灰与棕榈酸、油酸或硬脂酸等物质结合并分离出甘油。不溶解的石灰皂经过清洗，分解出高温稀硫酸。熔化的脂肪酸浮在上面，这一层油被倒出来。经过再次清洗，这些东西被倒入浅盘中铸形，冷却后放置在棕垫之间，用高压水力把它们压紧、压实。用这种方法，柔软的油酸被压出来，而硬实的棕榈油酸、硬脂酸被留下。这些东西在准备做成蜡烛时，被高温进一步提纯，并经温和的稀硫酸清洗。这些脂肪酸比原来得到的脂肪更硬、更白，同时也更清洁、更易燃。

来，最后，剩下的这些熔化物，便可浇制成我们面前的蜡烛了。我手中的这支是硬脂蜡烛，便是用我告诉你们的这种方法，由牛油硬脂做成的。这里还有一支鲸脑油烛，是用巨头鲸的纯油脂制成的。另外，黄蜂蜡和纯蜂蜡，也是制作蜡烛的原料。还有一种叫石蜡的奇怪物质，许多石蜡蜡烛就是用爱尔兰沼泽地里的蜡制成的。我再给大家看一样我的一位好心的朋友送我的东西，它来自遥远的日本，也是蜡的一种，它为制作蜡烛增添了新的原料。

这些蜡烛是怎么制成的呢？我已经给你们讲过了将烛芯放在油里浸的方法，接下来我要讲讲蜡烛的模制法。让我们假设制成所有这些蜡烛的原料都是能够浇制的，"当然能够浇制！"你们会说。"对呀，蜡是能熔化的东西，你能把它熔化就肯定能把它浇制成形。"并非如此。随着生产的发展，为了达到满意的结果你会想方设法，但有趣的是，事物最终发展往往出乎你的意料，总是想用浇的方法做蜡烛是不可能的。如果用蜡来浇制，就别想成功，必须采用特殊方法，这种方法我只需用一两分钟就可以给你们说清楚，但没必要在这上面花太多时间。总之，蜡除了容易燃烧外，还非常易熔化，所以没法浇制。

现在我们就谈谈某种可以浇制的原料。这里有一个框架，里面嵌有多个固定的模具。首先，让烛芯从模具里穿过来。这根烛芯是用棉纱编织成的，一烧就化。[1] 它被细铁丝支着通入模具底部，再用小木钉把它钉在模具底部，这样既能紧紧固定住棉芯，又能堵住模具底部洞孔，不让蜡油漏出。在模具稍微靠上的位置放置一根横梁，拉住烛芯，把它固定在模具里。然后熔化油脂，灌入模具。过了一段时间，当模具变凉时，把多出的油脂倒出来，并清理干净，再剪去每一支蜡烛底部烛芯的尾部。此时，留在模具里的就是一支支蜡烛了，你只要像我这样把它翻倒过来，蜡

———————————

[1] 有时添加一点硼砂或磷酸盐是为了让灰烬易于熔化，不会产生烛花。

烛便全都滑出来了。因为蜡烛是锥形的，上细下粗，加上自身遇冷收缩的缘故，所以只需要轻微晃动，蜡烛就会从模具中脱落。硬脂蜡烛和石蜡蜡烛也是用同样的方法制成的。

至于用蜡制作蜡烛，也非常有趣。像大家在这里看到的，框架上吊起很多棉芯，棉芯尾部用金属签封住，为的是不让蜡沾上那一处棉芯。现在我把这个框架移到熔蜡加热器一旁，你们看，这框架能够转动，当它转动时，工人拿一桶蜡注入框里，然后再注入下一个，再下一个，一直到最后。当工人这样完成一轮时，蜡还没有充分冷却，他就再从头逐个浇上一层，直到蜡烛达到一定的粗细。用这种方法来制作蜡烛，就像给棉线条穿衣服、喂饭一样。当蜡烛吃饱了、够粗了，就可以取出来放置。我这里有几支这样的蜡烛样品，是菲尔德先生带来的。这一支只是半成品，从框架上把它们取下来之后还要在平滑的石板上滚一滚，锥形的顶部要用同样形状的管套整型，底部需要裁切，修理平整。这才是完美的制作过程，用这种方法每磅蜡可以做出四支或六支蜡烛，或者大小随意。

蜡烛的制作方法都差不多，我们不必在这个问题上面花太多时间，还是深入探讨一下其他问题吧。我还没有跟大家提到豪华蜡烛——的确有这样的东西。看看这些蜡烛的色彩是多么漂亮，看看这里有紫色的、品红色的，还有用各种化学颜料做成的。你们也注意到了蜡烛的各种造型。这一支是漂亮的长笛形，这里还有几支皮尔索尔先生送我的蜡烛，上面有装饰图案，如果把它们点起来，你会看到上面像有一个发光的太阳，而下面是一束鲜花。这些蜡烛虽然漂亮精致，但是并不实用。这些笛子蜡烛，好看是好看，却不是好蜡烛。坏就坏在造型上面。总之不管怎么样，我向你们展示的这些蜡烛样品，都是来自方方面面好心朋友的馈赠，这样你们可以看到蜡烛是怎么制作的，以及这样或那样的制作方法，还有，就像我说的，如果我们想让蜡烛精美，就不得不牺牲一些实际效用。

2. 蜡烛是怎样燃烧的（一）？

现在我们来说一说蜡烛的发光问题。我们来点燃一两支，看看它们的特有作用。你们看到蜡烛完全不同于油灯。一盏油灯只需要把一点儿油倒进盏里，再放入灯草，或手工制作的棉芯，然后把灯芯点着就可以了。当火焰顺棉芯烧到灯油时就不再烧下去了，但是灯芯顶端还继续燃烧。现在我猜你们一定会问：自身不能燃烧的灯油，跑到棉芯顶上就能燃烧，这是怎么一回事儿？我们马上就来研究一下这个问题，不妨先看看蜡烛的燃烧，比油灯更奇妙。蜡烛不需要盛装在容器里，它是固体，但是固体能攀升到火焰位置燃烧是怎么一回事儿？固体不像液体能流动，那它是怎么跑到那里的呢？或者，在它变成液体后，是怎样汇聚在一起的呢？这就是蜡烛的奇妙之处。

我们会场这里风比较大，对要做的一些实验有利有弊。为了使实验比较正常，也为了简单起见，我会让蜡烛的火焰保持平稳，如果节外生枝，主要问题还怎么能研究下去呢？我在农贸市场看到菜摊、鱼摊上的那些小贩，每逢周六的晚上，他们做生意时，为了不让蜡烛被风吹灭，采取了一个非常好的遮风办法，这种聪明才智太让我佩服了。他们把蜡烛放在玻璃灯罩里面，玻璃灯罩拴在柱架上，可以根据需要上下滑动。采用这种方法，蜡烛的火焰就能稳定下来。我希望你们回到家里这样试试，并且仔细观察、认真研究。

现在请大家观察这支已经点了一会儿的蜡烛。首先，火焰周围形成了一个漂亮的烛碗儿。当空气逼近蜡烛，蜡烛发热产生的热流迫使空气向上移动。周边的蜡、油脂或煤油等燃料都因此得到冷却，这样，边缘比中间温度低许多；火焰只要不熄灭便一直沿灯芯燃烧，里面的油脂得以熔化，而外围还是硬的。如果我在一旁向烛火吹气，烛碗儿就会歪斜，烛油就会流出来；由于稳定万物的地心引力同样也让处于水平位置的烛油保持稳定，而如果这个烛碗儿失去平衡，里面的

烛油当然就会流淌出来。所以，大家看到，极为
均匀的上升气流作用于蜡烛各个表面，保持蜡烛
的外部冷却，这样便形成了一个烛碗儿（图 1）。

燃烧时不能形成小碗儿状
的燃料做不成蜡烛，只有
爱尔兰蜡烛木除外。这种
燃料本身像一块海绵，燃
料都贮藏在里面。

图 1

　　现在大家明白了吧：刚
才看过的那些漂亮蜡烛为
什么使用起来会那么糟糕了吧。它们的形状不规
则，凸凸凹凹，因此也不能够让蜡烛火焰有一个
漂亮完整的碗口，而这烛碗儿才是一支蜡烛的至
美所在。我希望你们现在会明白，一种产品的完
美与否，取决于它的实用价值，实用价值是产品
的最美之处。对我们最为有益的东西，不是外表
好看的，而是实际好用的。中看的蜡烛不中用，
由于气流不规则，形不成完好的烛碗儿，蜡油就
会四处流淌出来。大家可能看过这样的例子，如

果沿着蜡烛的一边儿有一道小沟，在上升的高温气流的作用下，这一边就会比别处堆积更厚的蜡油。随着蜡烛继续燃烧，在这个地方就会形成一个凸出来的小蜡柱，牢牢地粘在蜡烛上。蜡烛越烧越矮，但小蜡柱却越来越高，冷空气也容易往它那儿跑，也越发降低了它的温度使其可以越发抗拒近处火焰热力的作用。

古语说得好，吃一堑，长一智。我们在蜡烛研究中造成的错误以及一些不正确的认识，与其他不正确的事情没有任何区别，最后都会留给我们珍贵的教训。这些教训，要通过不断地深入实践才会得到。所以，我希望大家牢记，无论何时遇到何种结果，特别是新的结果，都应该问一问："究竟是什么原因？这种情况为什么会出现？"随着时间的推移，你终会找到答案。

接下来还需要解答的一个问题是：烛碗儿中的液体蜡油，是怎样沿着烛芯到达燃烧的地方的呢？这一点需要给予说明。你们知道，这些用蜂蜡、硬脂或鲸脂做成的蜡烛，烛芯上的火焰并没有向下方蔓延，造成烛身熔化的局面。火焰和下面的烛油保持距离，并不贪占周围的烛碗儿。一支蜡烛从点着到全部燃烧为止，自身的各个部分都是相辅相成的。这种融洽和谐的范例，我想不出还有什么比蜡烛更出色。像蜡烛这样的可燃物竟然能够慢慢地燃烧，丝毫不受火焰的干扰，这样的美丽景象令人惊叹；而你一旦了解到熊熊火焰之威力则要叹为观止：它只要抓住蜡，就会把后者烧得精光，哪怕只是挨得近一点，也会毁之于无形。

然而，蜡烛是怎样为它上面的烛焰提供燃料的呢？是靠绝妙的毛细管引力。[①]"毛细管引力！"大家要叫起来了，"毛发有引力？"好了，不必在意怎么称呼这个：过去就是这么叫的，那

---

① 是指一种能使细管里的液体上升或下降的力。如果将细玻璃管插入装水的容器中，管内水面即会高出容器水面，这是由于玻璃和水之间的吸引力大于水分子之间的吸引力。如果容器中装的是水银，则玻璃与水银之间的吸引力小于水银内部的吸引力，管内水银面反比容器中的低。

时人们对这种力的认识还非常少。燃料正是靠这种毛细管引力被传送到燃烧的位置，储存起来，这不是随随便便，而是恰到好处地被放进正中心，化学反应就在那里发生。现在我给你们举一两个毛细管引力的例子。正是这种作用或引力让两种彼此不相溶解的物质联系在一起。大家洗手时，会让双手彻底浸湿；用香皂揉搓之后，发现手还是湿的，这种情况靠的是一种引力，一会儿我会说到。当然多数情况下我们的手不怎么脏。在日常生活中，如果你把手指放入不太凉的水里，水就会顺着你的手指向上爬一小截儿，尽管你自己一般不会做个记号检验。

大家再看，这是一截盐柱，上面有很多细孔；我要把外观像水一样的饱和盐溶液倒进盘子里，因其不能再吸收盐分，所以你们看到的现象就不会是溶解的结果。我们可以把这样的盘子看成一支蜡烛，盐柱看成烛芯，盐溶液看成烛油（我把溶液加入一点儿颜色，让你们把这个反应看得更清楚）。你们注意看，现在我倒入盐溶

液，它攀升上来并逐渐顺着盐柱越爬越高（图
2），让盐柱保持直立，溶液将一直升到顶部。如
果这蓝色的盐溶液是可燃的，我们又在盐柱顶安

图2

装了烛芯，溶液进入烛芯的时候点上火就会燃烧
起来。看到这种反应的发生过程，并观察它周围
的奇特变化，真是十分有趣。当你们洗完手，手
上的水会用一块毛巾擦去；你手上的水由于毛细
管引力的作用，沾上毛巾，把毛巾打湿。烛芯被
打"湿"，和这是一个道理。我知道有些粗心孩
子（的确，有些细心的人也会这样）洗完手，用
毛巾擦完手之后，把毛巾搭在水盆边儿，过不了
多久，毛巾就把盆里的水吸出来，滴到地面上，

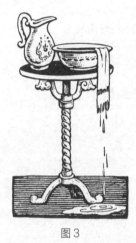

图3

由于毛巾恰巧这样搭在盆边，导致虹吸现象产生（图3）。①

3. 蜡烛是怎样燃烧的（二）？

前面的例子让大家更清楚地看到物质相互作用的方式。现在看这里，我用一个棉纱线织成的袋子盛水，它的作用一方面堪比棉花，另一方面堪比细布。实际上，有的烛芯就是用棉纱线制成的。你们会注意到这个袋子是有网眼的，我从上面倒进点儿水，就会从底下漏出去。如果我问：倒了水后这个袋子会出现什么情况？里面有什么？为什么有东西在里面？你们可能好半天反应不过来。这个袋子实际上盛了水，而你们看到的是水倒进去又

---

① 我们相信，去世的萨克塞克斯公爵（Duke of Sussex）是表现出可以根据这个原理清洗大虾的第一人。把去除尾壳的虾放入盛水的玻璃碗里，让虾的头部垂在外面，水在毛细管吸力的作用下，被虾的尾部吸入，接着流经头部，直到玻璃碗中的水降低到虾尾露出。

漏出来，认为就和空的没什么两样了。实际上，这些纱线以前是湿的，现在还是湿的；袋子的漏眼儿非常小，它四周的水分彼此间产生的引力非常强，虽然有漏眼，但是水仍然保留在袋中。与这种情况相仿，熔化的烛油分子顺着烛芯直达顶端，另一些分子靠相互引力跟了上来，等到抵达火焰点，便渐次燃烧起来。

我们还有其他例子，也是基于上面同样的原理。你们看这一小截芦秆。我在街上看到一些男孩子拼命表现得像个大人，经常手上拿截芦秆，点上火，吸一吸，假装那是一支雪茄。芦秆能被男孩看上，是因为它中空通气，并且有毛细管作用。如果我把一截芦秆竖在一个盛有莰烯（kǎnxī，它的总体性能与石蜡非常相似）的盘子里，莰烯这种液体也会顺着芦秆上升，这个现象与蓝色盐溶液升到盐柱的情形极为相似。因为芦苇表面没有毛孔，莰烯不会流到别的方向，必须顺着长条的芦秆往上升。现在它已经到达了芦秆的顶端，我可以用火点燃，把它当成一支蜡烛。

莰烯在这截芦秆的毛细管引力作用下上升到顶，这和蜡烛的烛油跑到棉芯上燃烧是一个道理。

蜡烛的火焰不沿着烛芯向下燃烧，只有一个原因：火焰在燃烧过程中，熔化的烛油及时地把它浇灭了。大家知道，如果把一支蜡烛倒过来，让燃料跑到烛芯上，蜡烛就会熄灭。这是因为，火焰没有足够的时间把燃料加热到可以燃烧的程度；反过来，把蜡烛头朝上，燃料就会被一点一点地送到烛芯位置，火焰在上面，就可以让热力充分发挥作用。

要想全面了解蜡烛的奥妙，还必须了解蜡烛的另一种情况，这就是烛油的气化状态。为了让大家认识这个问题，我来做一个非常有趣又非常普通的实验。如果你非常轻巧地吹灭一支蜡烛，就会看到蜡烛冒烟。想必大家经常闻到蜡烛吹灭时的气味，很难闻。但是如果吹灭它时用点儿方法，你就会看到那股轻烟实际上是由烛油变成的。我来吹灭其中一支，吹一口气，不扰动它周围的空气；这个时候，如果我拿一支点着火的小棍放在距离烛芯两三英寸^①的地方，你们就会看到有一串火舌穿越空气直扑烛芯，把吹灭的蜡烛又点燃了（图4）。做这些必须干净利落，不能让这股可燃的轻烟有时间冷却下来，否则它就会凝聚成液态或固态，或者受到扰动，烟消云散了。

图4

4. 火焰的形状和结构是什么样的？

现在我们来看火焰的外观和结构。这关乎我们了解蜡烛这种物质在芯顶燃烧最终造就的形态。在烛芯之顶，我们方能看到如此美丽与光明的景象，这景象唯有出自于燃烧或火焰，没有其他东西能与之相比。金银固然绚丽灿烂，宝钻固然光彩夺目，但这些都不敌火焰的辉煌之美。哪种钻石能够像火焰一样闪亮呢？在夜里，钻石的光泽是来自火焰的照亮。火焰照彻黑暗，钻石只

---

① 英寸（in），1 英寸 = 2.54 厘米。——编辑注

有等到火焰照射到它，才会璀璨生辉，否则便黯淡无光。蜡烛发光是独立的，缘于自己，也缘于制造出它的人。

图5

现在我们来观察玻璃罩下面这个火焰的形状。它稳定而均匀，一般形态就像图中（图5）所示。不过，火焰的形状会随空气的扰动而变化，根据蜡烛的大小也有所不同。总体上看，它是明亮的椭圆形，顶部比底部更亮一些，烛芯在中央，烛芯周围比较暗的部分接近底部，因为那里燃烧不如顶部完全。

这里有一张手绘图，是由很多年之前一位叫胡克的先生所画，当时他做了仔细的观察和研究。这张图是一盏油灯的火焰，但是借用来讲解蜡烛的火焰也还合适。油灯的油碟相当于烛焰的烛碗儿，灯油就是熔化的鲸蜡，芯捻儿是一样的。胡克在灯芯上面绘了小小的火焰，然而他的绘画真实之处在于，他画出了从火焰上面升起的肉眼看不到的东西。如果你们之前没见过这幅图或对这一主题还不熟悉，你们就不会知道有这种情况。他在这里再现了火焰周围的空气，这对火焰必不可少，并且总是与火焰并存。一股上升的气流就此形成，把火焰拉长。你们看，火焰真的被这股气流拉长了，拉得很高，就像胡克画出来的延伸气流。如果拿一支点燃的蜡烛，放到阳光下，让它的影子投到一张纸上，你就会看到这气流。令人称奇的是，蜡烛这种亮得足可以让别的物体产生阴影的东西，竟然能让自己的影子投到一张纸或纸板上，让人确确实实地看到包围火焰的气流，尽管它不属于火焰，但能拉着火焰向上升腾。

现在我把伏打电池灯看作是太阳，你们会看到我们的"太阳"和它发出的光。我们在模拟的太阳与幕布之间放上一支蜡烛，就在幕布上看到了火焰的影子。你们注意观察蜡烛和烛芯的影子，有阴暗的部分，如图所示（图6），也有比较清晰的部分。但是，很有意思的是，我们看到影子

图6

里最暗的部分，实际上恰是火焰最亮的部分。看
这儿，正是这股上升的热气流，如胡克所画的，
它拉长火焰，给火焰提供空气，同时冷却烛碗儿
的外缘。

我可以再给大家做个实验，说明火焰随着气
流会发生上升与沉降。看这个火焰，尽管它不是
蜡烛的火焰，但是毫无疑问，这一次你们已经有
足够的辨别能力进行比较了。我要做的就是把牵
拉火焰的上升气流，变成一股下降的气流。用摆
在我面前的这套仪器，这不难做到。我刚才说
过，这个火焰不是蜡烛的火焰，是燃烧酒精产生
的火焰，所以不会冒很多烟。我还要用另一种物
质把火焰染上颜色①，以便你们能够观察到它的
踪迹。因为单就酒精燃烧，你们很难看得清楚火
焰的上下方向。现在把杯中的酒精点燃，我们看
到它马上产生火焰，而且，火焰自然向上。现在
你们很容易明白，在通常情况下火焰为什么向上

———————

① 酒精里溶解有氯化铜，燃烧时就会产生美丽的绿色火焰。

燃烧：这是因形成燃烧的空气把火焰向上拉的缘
故。但是现在我把火焰向下吹，大家看到它向下
进入这个小小的烟囱，这是因为气流的方向在那
里发生了改变（图7）。在这一场报告结束之前，
我要给大家看一盏灯：它的火苗朝上，黑烟朝下；
或者是相反，火苗朝下，黑烟朝上。你们看，我
们有力量使火焰的方向发生各种变化。

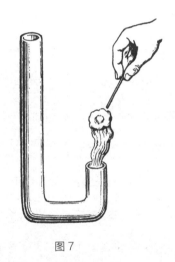

图 7

现在还有几点我必须再谈谈。大家看到，由
于周围气流的方向不同，火焰的形状也变来变去。
但是如果我们愿意，也可以让火焰稳定下来，一
动不动，以致我们可以给火焰照相——实际上我

们也不得不给它们照相——如果我们希望对它们有什么发现，我们就得让火焰在眼前静止下来。

但是我要说的不止这一点。如果我生起一堆大火，这火便不再保持火焰原来的属性，不再保持始终如一的形态，而是爆发出强大的奇迹般的活力。我会采用另外一种燃料，它与制造蜡烛用的蜂蜡或油脂极为相似。我用这一个大棉球当烛芯。现在，我把它浸到酒精里，把它点燃，如此这般，它和普通蜡烛有什么不同？看，外观上一个很大的差异是：这个活泼有力、美妙生动的火苗，全然不同于蜡烛的光亮。大家看那些向上蹿升的精美火舌，看到了它具备一般火焰从下向上燃烧的相同特征，但是除此之外，还看到了在蜡烛燃烧中看不到的熊熊火舌。那么为什么会这样呢？我必须给大家讲解清楚，因为只有你们完全弄懂后，才能够在我后面的报告中理解我在说什么。

大家一定都玩过抢葡萄干的游戏①，对吗？说

---

① 一种圣诞节晚上玩的游戏，在盛有葡萄干的盘子中倒入白兰地酒，然后点燃白兰地，周围的人从盘子中抢葡萄干吃。

到火焰燃烧到某一段的状态，我不知道还有什么游戏，比抢葡萄干更能完美地说明火焰的奥秘。

第一步，要有一个盘子，听我说，如果要正式地玩这个游戏，盘子就该相当烫才行，葡萄干和白兰地酒也要热的，但是我这盘子里没有这些。把酒精倒进盘子里，盘子相当于烛碗儿，酒精相当于烛油。葡萄干不能当作烛芯用吗？我现在把葡萄干投入盘里，点燃酒精，我刚才提到的那些漂亮火舌出现了。大家看到空气侵入盘子，在盘边形成这些火舌。为什么？因为气流力量很强，火焰燃烧很不均匀，空气不能按照一个方向流动。由于空气流动极不规则，原本应该看到的完整单一的火焰并未出现，而是分成了许多形状不一的小火舌。这些小火舌每一个都独立地燃烧着。实际上，可以说，这些小火舌就是一支支独立的蜡烛。但是不能因为同时看到了全部小火舌，便认为火焰就是这样的形状。其实无论什么时候，火焰都没有固定的形状。所有的火焰，包括你们刚刚看到棉球吐出的那种火焰，它们的实际形状也与我们看到的极为不同。这些无数的不同形状的小火舌合在一起，一个接一个地快速闪现，以致我们的眼睛在瞬间无法区别它们，只好把它们认作一个整体。在前面，我曾经有目的地分析了火焰的一般特征，这幅图（图 8）说明了构成它的不同部分。这些部分不会一起出现，只是因为我们看到它们快速闪现，就以为它们同时并存一样。

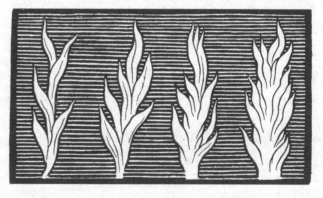

图 8

非常糟糕的是，说了这么多，还是没有离开抢葡萄干的游戏。但是无论如何，我不该拖延报告的时间。对我来说这是一个教训，在后面的报告里，我一定要把大家的注意力集中在事物的原理方面，而不是在这些实例上消耗太多的时间。

第二讲

1. 蜡烛蒸气的产生和燃烧

我们上一次报告会讨论的是蜡烛的一般特性，讨论了熔化的蜡是怎样达到燃烧点的。大家知道，在没有受到扰动的正常大气中燃烧的蜡烛，虽说它本性是活泼好动的，但火焰的形状却很稳定，表现出一副沉稳的样子。现在我希望大家注意观察，看清楚我们都可以用哪些方法去研究火焰各个部分的活动细节；研究这些活动因何发生以及如何发生；我们还要研究一支蜡烛最后消失于何处。因为，如你们所知，一支蜡烛在我们面前，烧着烧着就不见了，如果燃烧正常，那么烛台上将不留丝毫污迹，这是多么奇妙啊。所以，为了仔细研究蜡烛的燃烧，我特地准备了一套设备，它的用法大家稍后一看就会明白。这里有一支蜡烛和一根玻璃管，我要把玻璃管的下端放到烛焰中心——就是胡克在火焰图上画的比较暗的部分，这个部分，大家如果仔细看的话，只要周围没有风吹动，随时都可以看到。我们首先就来研究这较暗的部分。

现在我把这只弯曲的玻璃管一头放在火焰较暗的部分，看，火焰里面立即有一种东西钻进玻璃管，然后从另一头跑出来。如果我在这个出口放上一个烧瓶，稍后就能看到火焰中心有东西渐渐钻进玻璃管，通过弯曲的管子进入烧瓶，这情形与在露天里看到的非常不同。这东西不仅从玻璃管里逃出来，而且还重重地掉落到烧瓶底部，事实上这东西确实有重量（图9）。我们发现这并非气体而是气化的蜡油（大家必须分清楚气体与蒸气，气体永远是气体，而蒸气则是汽化的液体，它冷却后会凝结成液体）。如果吹熄一支蜡

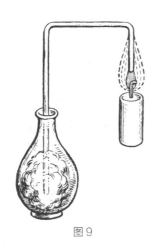

图9

烛，大家会闻到非常难闻的气味，这是液体气化
造成的。

　　这与你们看到的火焰外部情形非常不一样。
为了向大家解释得更清楚，我要制取大量这样的
蒸气，再用火把它点燃。因为仅凭一支蜡烛的燃
烧，我们得到的知识还很有限，为了彻底理解事
物的原理，作为科学研究者，还得进行更大规
模的实验。在必要情况下，应对各个环节加以
检验。

　　现在，安德森先生给我拿来一盏灯，我就要
让大家来看一看这种蒸气是什么东西。这个玻璃

瓶里盛的是蜡，我把它放到灯火上加热，因为烛焰中央温度高的话，烛芯周围的蜡也应该是热的。现在我保证，这么热已经够了；大家看，我放进去的蜡已经变成液态，还冒出了一点儿烟。我们很快就会看到蒸气冒出来。继续给它加热，制取的蒸气就更多了。现在把玻璃瓶里的蒸气倒入那个盆中，然后再点上火。看，这蒸气确实与我们从烛焰中央获取的一样（图10），它燃烧得多好啊。

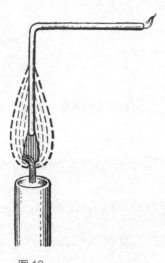

图 10

看，这是来自烛焰中心的蒸气，是由它本身的高温产生的。要了解蜡烛在燃烧过程中的各个阶段以及它所经历的变化，必须从这里开始。下面我还要把另一根玻璃管小心地插入烛焰，我保证只要稍加小心就能够让蒸气通过玻璃管到达另一端，在那里我们点上火。这样，在离蜡烛稍远的地方也肯定能够把火点燃。看那儿，难道不是一个非常棒的实验吗？我们经常谈论引燃煤气，那么这样看来，蜡烛不也是可以引燃的吗！从这个实验中大家清楚地看到两种不同的反应——一种是蒸气的产生，另一种是蒸气的燃烧——它们分别在蜡烛的不同部分发生。

2. 蜡烛火焰的高温部分在哪里？

燃烧过的部分便不再有蒸气了。如果我把玻璃管提升到火焰上部，火焰里面跑出来的东西就不再是可燃的了，它已经烧过了。怎么烧的呢？唔，是这样：在火焰的中心，就是烛芯所在之处，有这种可燃的蒸气存在；在火焰的外部，是蜡烛燃烧必不可缺的空气，这一点我们以后会讲到。火焰中心与外围之间在发生剧烈的化学反应，空气与燃料一起相互作用，就在点着火的同时，蜡烛内部的蒸气全部被烧尽。如果检验蜡烛的高温点，会发现分布得非常奇特，譬如这支蜡烛，我把一张纸水平放在火焰的上部，看

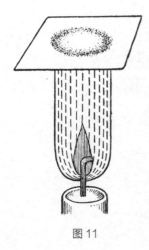

图 11

看火焰的高温点在哪里呢？你们没有看到高温点并不在中心吗？它是在一个圆圈上，就是我以前讲过的发生化学反应的地方（图 11）。即便在我做的这个不算规范的实验里，如果没有过多的干扰，纸上就肯定会有一个圆形火圈存在。这个实验非常适合在家里做。只要让室内空气保持平稳，拿一张纸条从火焰正中掠过——（我做这个实验的时候不能说话）——你们将发现它只烧到两处，中间部分不燃烧或者只烧一点点。这样做上一两遍，只要方法对，你就会发现特别有趣之处，高温点正好在空气与燃料交汇的地方。

3. 燃烧必须要有空气

空气对于燃烧是必不可少的，这一点对我们后面要学习的内容极为关键；而且我还要告诉你们，新鲜空气更为必要。不明白这一点，我们在研究和实验中就会有纰漏。这里有一瓶空气，我把蜡烛罩在里面，一开始，蜡烛在里面燃烧得很好，这证明了燃烧必须要有空气；但是过一会儿就要发生变化了。看，火焰被向上拉得多么长，现在越来越暗，最终熄灭。为什么熄灭了？这是因为它需要的不仅仅是空气，实际上，它需要的是纯净新鲜的空气。虽然瓶子里盛满了空气，但其中有一部分已经发生了变化，以至于里面剩余的新鲜空气不够让一支蜡烛继续燃烧下去了。

如果你们想当小化学家，那么，对所观察到的任何反应都不该遗漏。要是对这种反应观察得再细致一点儿，就会发现每一步后面的原因都极为有趣。再看这个实验：这是我给大家看过的阿尔甘灯，它的灯芯是管形的，非常适合我们用来做这个实验。我现在把它改造得跟蜡烛一样（堵住通向火焰中心的空气孔道）。老油灯有棉芯、有沿着棉芯向上跑的灯油，还有锥形的灯焰。看，它现在烧得很差劲儿，这是因为空气被堵住了一部分。我不让空气进到火焰中心，只许空气留在灯焰的周边，所以它烧不旺。因为灯芯比较大，我没法让更多的空气从外面进来。但是假如我恢复它原来的巧妙设计，打开通向火焰中央的孔道，让空气从这里畅行，大家就会看到它燃烧起来也是非常充分的。现在空气孔道堵塞了，看！冒烟了。为什么会这样？有这么几个非常有趣的情况值得我们研究：我们掌握了蜡烛燃烧的情况，也掌握了蜡烛因空气供给不足而熄灭的情况，现在我们又看到眼前这种燃烧不完全的情况，而这实在太有趣了，我希望大家就像了解蜡烛的完全燃烧一样，也全面理解蜡烛的不完全燃烧。

接下来，我要让火着得更大一些，因为我们需要尽可能地让大家看清楚。现在我拿一大团棉花在松节油上浸泡一下，当成烛芯，然后用火点燃。其实，这东西与蜡烛差不多。我们用的烛芯越大，要供给的空气就越多，空气如果供不上，燃烧就不充分。看，现在有黑色东西冲到空气里去了。为了不转移你们的注意力，我用了些办法除掉了未完全燃烧的部分。看看从火焰里飘走的黑烟，它燃烧得这么不好，正是因为没有得到足够的空气。什么道理呢？对，蜡烛燃烧如果缺少某种必要的东西，那么后面产生的结果也很糟；但是如果在纯净适当的空气状态下燃烧，这支蜡烛的燃烧结果可想而知。前面我给大家看过一张纸，上面有火焰烧成的环状焦痕，只要把纸翻个面，或许也会让大家看到蜡烛燃烧时产生与黑烟同样的东西——碳，或者说碳质。

不过，在见识蜡烛产生的黑烟之前，我必须事先解释一下——尽管我是用一支蜡烛的火焰来代表普遍的燃烧现象，但是我们必须要清楚这是否为燃烧的唯一状态，就是说，是否还存在其他情况？我们马上就会看到，其他情况实际是存在的，而且对我们极为重要。

我一向认为，如果要对少年朋友解释清楚某件事，最好的办法莫过于把对比鲜明的结果拿出来。我这里有一点儿火药。大家知道火药燃烧起来是有火焰的。火药含有碳和其他物质，这些东西混在一起再点起来就会有火焰。另外，我这里还有一些铁屑。现在我要把火药、铁屑和泥灰混合在一起，然后点燃。不过，在做这些实验前，我要事先声明一下，大家不要只是为了好玩去做实验，操作不当有可能造成伤害。如果你们小心谨慎，这些实验大有益用，但是如果马马虎虎，则会酿成大祸。好了，接下来我把这些火药放在小木钵里，掺入铁屑，这么做的目的是让火药把火引向铁屑，一起在空气中燃烧，大家可以由此观察到燃烧时有火焰的物质与无火焰的物质各有什么特点。当我把这种混合物点燃时，大家一定要仔细观察，你会看到两种不同的情况：一种是火药喷着火焰，另一种是铁屑被抛起。大家会看到铁屑也在燃烧，但只是一颗颗地独自燃烧，并不产生火焰。这是火药，它燃烧时吐着火焰；这是铁屑，它与火药燃烧的方式不一样。大家瞧，这两种燃烧截然不同。正因为存在这些差异，人们才据此制造出各种照明用具为我们带来光明。油灯、煤气灯、蜡烛能够为我们所用，完全依赖于互有差异的燃烧形式。

火焰如此奇妙，你不得不依靠极为灵敏和细致的鉴别力，才能把各种不同类型的燃烧逐一区分开来。譬如这种粉末，如大家所见，非常易燃，是由许多分散的小颗粒组成的，叫"石松粉"。[①]其中每一粒石松粉微粒，都可以产生气体，并吐出一个小火苗。但是，当它们在你眼前燃烧时，你却分辨不出每个微粒发出的火苗，只会把它们看成一整团火焰。我现在就给这一堆儿粉末点上火，大家马上能看到结果。我们已经看到了一团火焰，看起来明明是一个整体；但是燃烧时爆出的杂音，证明这燃烧既不连贯也不均匀。这可以用来做圣诞剧演出用的闪电，非常逼真。[这个实验在第二次演示的时候，法拉第教

---

① 石松粉是石松果实里的一种黄色粉末，用于制造焰火。

授把石松粉装到玻璃管里，对着一只点燃的酒精灯吹过去，让石松粉喷过火焰。〕这个例子与我之前讲到的铁屑燃烧不一样，现在我们还得回到铁屑燃烧的话题。

4. 火焰的亮度与什么有关？

观察蜡烛在我们眼中显示的最亮部分，瞧，火焰中出现了一些黑色的微粒。大家以前看到过好多次，我现在要用另外的方法把它们变出来。我拿过来一支蜡烛，把上面由气流造成的烛泪清除掉，再用一根玻璃管插入火焰发亮的部分，像我们在第一次实验中做的那样，只是略微高出一点儿，看看会有什么结果。大家以前看到的那种白色蒸气不见了，现在出现的是一缕黑色蒸气，像墨水一样黑。它和白色蒸气非常不同，但是如果我们用火去引燃，会发现它不仅不燃烧，反而把火熄灭了。这些微粒，就是我以前所说的蜡烛产生的烟。这让人想到迪恩·斯威夫特（Dean

Swift）^①所说的那个老故事，就是用蜡烛在天花板上写字。可这黑色的物质到底是什么呢？对了，它跟蜡烛里的碳是一样的东西。它是怎样从蜡烛里跑出来的呢？显然，它就藏在蜡烛里，否则我们也不会在这里见到它。现在听我来给大家解释。大家一定想不到吧，那些以黑烟和黑色微粒形式飘荡在伦敦上空的东西，恰恰是让火焰美丽和生动起来的物质。这种物质在火焰中燃烧，与铁屑在火药中燃烧的情形相同。我这里有一块火苗穿不过去的铁丝网，当我把铁丝网低低地放到火焰明亮部分时，火焰就暗下去了，大家几乎马上就能看到，它压住火焰并立即把火扑灭，一缕烟就此冒了出来。

现在希望大家明白我说的这一点——一种物质无论怎样燃烧，变成液态也好，残留固态也好，只要它像铁屑在火药烈焰中燃烧那样，没有

---

① 迪恩·斯威夫特，即乔纳森·斯威夫特（1667—1745），英国作家，著有《格列佛游记》。

气体出来，就会格外明亮。为了向大家说明这一点，除了蜡烛，我又举了上面几个实例。因为这条原理适用于所有物质，无论可燃物质还是不可燃物质都适用，只要在燃烧中保持固体状态，它的亮度就会超级亮。而蜡烛火焰里正是由于有这种固体颗粒存在，才大放光明。

这里有一根白金丝，它不会因高温而熔化，我要是把它放到火焰里烧，大家可以看到它会变得多么耀眼明亮。现在，我们没必要让它发出的光太亮，我把火焰调弱一些，大家会看到，尽管火焰给白金丝带去的热量远低于火焰自身的热量，但是照样能看到白金丝的光亮仍然非常强。无疑，这火焰含有碳，那么，现在我改用不含碳的火焰再来进行实验。看，这容器里盛有一种物质，是一种燃烧后不产生固体颗粒的燃料——蒸气或气体，你们管它叫什么都行。我之所以选它，就是因为它燃烧时不产生任何固体物。如果现在我把这块固体物质放入其中，大家看，它的温度多么高，把固体物烧得多么亮！

我们用这根细管导入这种叫作"氢"的特殊气体——在下一次报告中我会给大家全面讲解有关氢的知识；另外还有一种叫"氧"的物质，氢借助它就可以燃烧。尽管把它们混合在一起燃烧产生的高温远远超过蜡烛燃烧所产生的高温，但是发出的光非常弱。然而，如果我取点固体物质放到氢氧混合物的火焰中，就会产生强烈的光亮。比如拿一块石灰放到氢氧焰里，石灰既不燃烧也不会被高温气化（因为它不气化，所以保持固态的同时也保持自身的热量），大家就会看到它放出的光亮很快发生变化。看，我让燃烧的氢与氧发生接触，现在产生了极度高温，但是火光仍然很弱——不是因为热度不够，而是因为缺少在燃烧中能保持固体状态的颗粒。只要我取一块石灰放入氢氧燃烧产生的火焰中，看，火光多么明亮！这是石灰发出的灿烂火光，堪与电灯媲美，与太阳的光也几乎不相上下。

看，我这里还有一块木炭，稍后它燃烧起来，放出的光亮真的和蜡烛有几分相像。烛焰的高温分解了蜡的蒸气，释放出碳微粒，这些碳微粒受热升腾，就像我们此时眼前所见的这块炭一样，灼灼放着光，然后进入空气里。但是，这些微粒燃烧后，从不以碳的形式从蜡烛中分离，而是化为一种完全无形的物质离开蜡烛进入空气，我们在后面会就这个问题进行讲解。

想想看，经过这样一个过程，像碳那么黑乎乎的脏东西竟然变得如此炽热明亮，这是不是很神奇？大家可以从中看出，一切明亮的火焰都含有这样的固体微粒；一切既能燃烧又能产生固体微粒的物质，无论其固体微粒的产生是在蜡烛的燃烧过程中，还是在火药混合铁屑燃烧之后，都能给我们带来灿烂与美丽之光。

我可以再给大家举几个实例。这是一块磷，它烧起来的火焰也很亮。好了，我们现在就可以确定一下，看看磷产生的固体微粒所产生的时段，是在燃烧时还是在燃烧后。看，这块磷正在燃烧，为了不让所产生的物质跑掉，我用这个玻璃罩盖住它。那么这烟（图12）是什么东西？这

图12

烟就是磷燃烧产生的微粒。另外，再看看这两种
物质：氯酸钾和硫化锑，我把这两种物质混合一
下，接下来我们可以有很多不同的方法把这种混
合物点燃。

　　我在上面滴一滴硫酸，让大家看看这种化学
反应，瞧，它们立刻燃烧起来了。[①] 现在从这些
表面现象，大家自己能够判断出它们在燃烧中有
没有产生固体物质。我已经把这种辨别方法教给
大家了。除了固体微粒渐渐消失之外，这明亮的
火焰里还有什么呢？

---

① 氯酸钾的一部分被硫酸分解为氯的氧化物、重硫酸钾和高
　氯酸钾。氯的氧化物与硫化锑高温化合，后者是易氧化
　物，瞬间全部化成火焰。

安德森先生在火炉上放了一只非常热的小坩埚。我要向里面投入一些锌粉，它们烧起来会有火焰，和火药比较像。我现在做的这个实验，人人都可以做。请大家注意锌燃烧的结果。它燃起来了，可以说，燃烧得像蜡烛一样好。但是这些烟又是怎么回事儿？那一小团一小团的羊毛云，就算你不能靠近它，它也会向你飘去，这种以前人们称之为"哲学羊毛"的物质①，它是什么呢？燃完之后，坩埚里还会剩下一些羊毛状的物质。我再取一块同样的锌，像前面那样再做一次，大家会看到同样的情况出现。好，这里有一块锌。那是有氢气喷嘴的熔炉，我们现在开始烧一下这块金属，它着了，你们看，燃烧开始了，而且烧成了这种白色的物质。如果我把氢焰当成蜡烛的火焰，让大家观察锌这一类物质在蜡烛火焰中燃烧，结果会看到，正是在燃烧发生反应的这段时间，这种物质在保持高温的同时，发出光和热。如

---

① 古代炼金术士所说的"哲学羊毛"，就是氧化锌。

果我在氢焰中加入由锌烧成的白色物质，大家看，它发出的光是何等美丽，这完全是因为它是一种固体物质的缘故。

现在我要把刚才火焰里的碳微粒释放出来。这里有些萩烯，一点火就会冒烟；但是如果我用一根玻璃管把萩烯的烟导入氢焰中，大家会看到烟将燃烧起来并且光芒耀眼，这是因为我们让烟再次受到高温燃烧的缘故。看，在那里，那些是被再次点燃的碳微粒。如果拿一张纸衬在后面，大家不难看到那些微粒。当碳微粒在火焰里被产生的高温点燃后，便发出了这样的光亮。如果碳微粒没被分解出来，也就没有这样的光亮。与蜡烛燃烧的情形一样，煤气的火焰之所以发光，也要归功于燃烧时分解的碳微粒。但我也可以很快地改变这种情况。看这里，比如这儿的煤气燃烧时很亮，如果我向燃烧的地方加入大量空气，让煤气不等碳微粒释放出来先全部燃烧，这样火光就不会有这么亮。要做到这一点，我可以采取这种办法：我把这个铁丝罩遮在煤气喷嘴上，像大家看到的这样，然后在上方点燃煤气，火焰燃烧起来就不那么亮了。这是因为煤气在燃烧之前有大量的空气混合进来。假如我把铁丝罩拿起来，大家可以看到只是上面有火，下面并没有燃烧。① 我们知道煤气中有大量的碳，但是，因为空气可以跑过来，赶在煤气燃烧之前混入其中，所以大家看到的这火焰灰中带蓝，一点儿也不旺。如果我把明亮的煤气火焰吹一吹，使全部碳质还没热到可以放出光亮之时便全部烧尽，煤气火焰将会变成蓝色。[为了证明这一点，法拉第教授在煤气灯上吹了一口气。] 我这样吹一吹，火焰就没有原来那么亮了，原因只有一个，就是火焰中的碳在分解为自由状态之前，与充足的空

---

① 用于实验的"燃气灯"得益于这一原理：它有一个金属圆筒烟囱，上面覆盖一个相当粗糙的铁丝网。阿尔甘灯也是采用这一方法。在烟囱里，煤气与充分的空气混合在一起，使碳与氢得以同时燃烧，火焰烧光了煤烟中的固体颗粒，不再会有碳从中分离出来。因为火焰穿不过铁丝网，所以能够稳定燃烧；我们在铁丝网上方几乎看不到火焰。

气相遇燃烧了。之所以没有以前亮，是由于碳微粒在煤气燃烧时未被分解出来。

5. 蜡烛燃烧时有水生成

大家看到，蜡烛燃烧过后会有某种生成物，这些生成物一部分是碳或者黑烟之类的东西。碳燃烧过后，会产生另一种生成物。查明另一种生成物是什么，对我们而言非常重要。我们看到了有某种东西正在从燃烧中分离，现在我想让大家知道，燃烧时跑到空中的东西有多少。为此，我们要把燃烧实验的规模做得更大一些。

燃烧的蜡烛一般向上冒热气，只需用两三个实验就会让大家看到这种上升的气流；但是，为了让大家知道这些冒出来的东西究竟有多大的数量，我来做一个实验，尽可能地把燃烧的生成物全部捕获。为此，我准备了一个被男孩们叫作"火气球"的东西。我用这个火气球测量我们所研究的燃烧生成物。为了取得最佳效果，我要用一个简单易行的办法来生火。

把这只盘子当作我们所说的"烛碗儿"，把酒精作为我们的燃料，我再把一只小烟囱放到上面，因为这样一来燃烧生成物就可以收集起来了。安德森先生现在把酒精点起来了，我们将从上面捕获燃烧的生成物。一般来说，我们从这烟囱顶端获取的东西，与蜡烛燃烧出来的东西是一样的。不过，由于我们使用的酒精燃料含碳极少，所以它的火光非常暗淡。

我不打算把这个气球升起来，这不是我的目的，我是想让大家看看蜡烛生成物发生作用之后导致的结果。这里冒出来的物质和蜡烛烧出来的东西是一样的。[这个气球被放到烟囱上面（图13），立即被气体充满。]大家看，它跃跃欲飞，但是我们不能让它飞上去，因为它随时会碰触到我们会场上面的汽灯，那麻烦可就大了。[在法拉第教授的要求下，会场的汽灯被

图13

熄灭了，气球放了上去。]

大家看到没有，这个还在变大的火气球有多么大啊！现在我在蜡烛上方放置一个较大的玻璃管，让蜡烛燃烧的全部产物从中经过。大家看，这个管子马上变得模模糊糊。如果我再拿一支蜡烛，把它放在一个玻璃瓶里面，然后在另一侧放置一个光源，好让大家看清楚它的变化过程，结果我们看到玻璃瓶侧面有雾产生，接着火光变弱了。大家知道，是燃烧的生成物让火光变弱，把玻璃瓶侧面弄得模糊不清的同样是它。大家如果回到家，取一个原先放在冷空气中的勺子，将其放在烛火上面，别把它熏黑，你们会发现它也会蒙上一层雾，像这只玻璃瓶一样。如果你能找到一只银制的碟子，或者类似的物件，那么你的这个实验效果会更好。现在，为了把大家的思考引向我们的下一次报告，我先告诉你们造成这种雾蒙蒙现象的正是水。在下次报告会上，我要让大家看到，我们可以毫无困难地将这种雾蒙蒙的东西，恢复到它原有的液体状态。

第三讲

1. 从燃烧产物中收集水

我相信大家还记得，上一讲结束时我们正好提到蜡烛燃烧后的"生成物"这个词。因为我们发现，只要通过适当的操作，就能够从燃烧的蜡烛中获取不同种类的生成物。但有一种物质，我们是不能从正常燃烧的蜡烛中获取的，这就是碳，也可称之为烟。另外还有一些物质从火焰上面冒出来，并不显示为烟，而是以其他形式，汇入从烛焰升起的气流，渐渐飘散到空气中。除此之外，还有其他的生成物也可以说一说。大家记得吧，在上次实验燃烛产生的上升气流中，我们发现有一部分遇到冷的汤匙或盘子，或者随便什么冷的器具，会很快凝结，也有一部分并不会凝结。

我们先来研究凝结的这部分。说来奇怪，我们发现，蜡烛燃烧的这一部分生成物是水——除了水并没有别的东西。在上一次报告中我只是顺带提到了水，指出水是蜡烛燃烧生成物凝结的部分。今天，我希望大家把注意力集中于"水"，特别是结合我们的主题，对它加以仔细研究，我们也还要谈到它在地表的一些情况。

我事先为实验做了准备：把一支点燃的蜡烛放在一只盛着冰水和盐的小碗下面，这样蜡烛的产物随着气流上升遇到碗底后，就会发生冷凝，出现一些水珠。下面我们就一起研究一下水。

我认为，在验证水这种物质的很多办法中，最立竿见影的是，先让水的某一种非常明显的反应表现出来，再检验从碗底部收集到的液滴是不是有同样的反应，以此判断它到底是不是水。我这里有一种化学物质，是戴维爵士发现的，遇水

后反应非常强烈，我现在取一点儿这
种东西——它叫钾，是从碳酸钾中提
取的——把它放入一个盆里，大家看，
立即燃烧起来，它吐着紫蓝色的火焰
漂来漂去，表明盆内有水存在。现在
我把燃烧的蜡烛从盛有冰盐溶液的小
碗下面拿开，大家看，有一颗液滴挂
在这个碗底的表面（图14），这是蜡
烛燃烧的凝结物。我会让大家看钾与
这颗液滴的反应，和刚才钾在水盆里
的反应一样。看，我把钾放上去后，

图14

它马上就燃烧起来了，方式跟刚才一样。我再把
另一滴水放在这个厚玻璃板上，也放上钾，大家
立即就会根据钾起火的情况，判断出玻璃板上有
水存在。这水正是蜡烛燃烧时生成的产物。

　　用同样的方法，我在这个玻璃瓶下面放一盏
酒精灯，稍后大家就会看到玻璃瓶变得湿漉漉
的，因为有水珠积在上面——那水珠是酒精燃烧
的结果。根据落到下面纸上的水珠，大家肯定会

立即看出，燃烧的酒精灯可以产生很多水。我让它像现在这样继续燃烧着，大家随后可以看看聚集的水有多少。如果我取一只煤气灯，在上面随便放置什么冷却的东西，也会得到水——煤气的燃烧同样也可以产生水。

请注意，在这个小瓶子里，盛有一些非常纯净的水，是通过煤气燃烧提取的蒸馏水，它与从江河、海洋和泉水中提取的水没有丝毫不同。水是一种非常简单的东西，它从无变化。当然，我们可以在它里面添加一点儿什么，或者把水分开，从其中取出些什么，但是水还是水，总是保持原样，无论它呈固体、液体或气体状态。再看这一瓶，里面是一盏油灯燃烧所产生的水。1 品脱 ① 油如果燃烧得当，可以产生 1 品脱多的水。请看，这里还有一些水，是由一支蜡烛燃烧产生的，这个过程耗时相当长。所以，我们差不多可以用各种可燃物质继续试下去，结果会发

---

① 品脱（pt），1 品脱 = 0.5683 升。——编辑注

现，只要它们像蜡烛一样烧起来会冒火焰，就能产生水。大家可以自己做这些实验：火铲是一种很合适的工具，如果把它放在燃烧的蜡烛上部一会儿，等到冷却的时候，就能够在上面看到冷凝的水滴。也可以用一把汤匙或长勺，任何可用的物件，只要干净，能够导热，都可以用同样的办法让燃烧生成的水这样冷凝起来。

2. 水的三种形态及其相互转化

我们已经了解可燃物通过燃烧而生成水的奇妙过程。现在，我必须告诉大家，水可以存在于不同条件之下，尽管大家现在可能熟悉了它的各种形式，但我们还是需要对此详加说明，以便在水变来变去的时候，我们可以清楚地认识到，无论它是产生于蜡烛的燃烧，还是来自于河流或海洋，依然完完全全、确确实实是同一种东西。

水在最寒冷的状态下便呈现为冰。以科学研究的眼光来看，我们说水，不论它呈固态、液态或气态，在化学性质上都是一样的水，都是由两种物质（元素）化合而成的东西。这两种物质（元素），有一种我们从蜡烛的燃烧中已经得到了，另外一种我们要在别处发现。水可以呈现为冰，最近天气很冷，大家恰好有机会看到了。上一个安息日就是一个实例，因为这种变化，我们自己的房屋遭遇了可怕的灾难，很多朋友的房屋也遭了灾。当温度升高时，冰变回水，再升到一定温度，水就变成蒸汽。大家看，我们面前的水正处于它密度最大的状态，[①]虽然在重量、状态、形式以及其他许多性质上能够有一些改变，但水还是水。而且，无论我们是用制冷的方式让它成冰，还是加热把它汽化，它的体积都会增加——结成冰后显得坚硬有力，化成蒸汽的样子体积就急剧膨胀，令人称奇。再来看这个实验：我取这个白铁筒，向里面倒点儿水，通过观察我往里面倒进的水的量，大家自己可以估量出水在这个

---

① 水的固态临界点是 39.1 华氏度。

容器里会升到多高：从底算起大约会有 2 英寸
（5.08 厘米）的高度。为了让大家看到水的液体
状态与气体状态体积各不相同，我现在就来把水
变成蒸汽。

利用白铁筒在火上加热的这段空隙时间，让
我们来说说水变成冰的问题：我们可以在盐与
冰块的混合物 ① 中让水变冷而结成冰——我会让
大家看到，当水变成冰时发生膨胀，变成体积
更大的块状物。这些是铸铁罐，非常结实，非
常厚——我估计它们的厚度有三分之一英寸（约
0.85 厘米）。我已经在这些铸铁罐里小心地盛满
了水，排除了里面的空气，盖子也拧得紧紧的。
当我们把罐中的水冷冻起来，我们就会看到，这
个铁罐将无法容下冰，冰在里面膨胀起来会把铁
罐撑裂，成为像这样的碎片［用手指向一些碎
片］，这些原来就是一模一样的铁罐。为了让大

---

① 盐与冰块的混合物把温度从 32 华氏度降到 0 度，与此同
　时冰变成液态水。

家看到水变成冰时体积的不寻常变化，我后面会把两个这样的铸铁罐放入盐冰混合物里面。

我们再来看看水在加热时发生了什么变化——它逐渐地不再保持原有的液体状态了。我用一块玻璃片盖住盛有沸水的玻璃烧瓶口，你们看到发生了什么？这块玻璃片好像一个活塞嗒嗒发着声响，向上跳动。这是因为蒸汽从沸水中冒出，拼命要跑出来，所以顶着这个玻璃盖上下跳动，发出嗒嗒的声响。大家不难观察到，烧瓶里已充满了蒸汽，否则蒸汽也不会夺路而逃。大家再看，烧瓶内盛着的蒸汽的体积比水的体积大得多，因为它一边不停地充满整个烧瓶，一边跑进空气里。但是大家看到瓶中水的体积并没有明显减少。这表明，当变成蒸汽时，水在体积上发生的变化非常巨大。

现在，我已经把盛着水的铸铁罐放入这种冰冻的混合物中，看看会有什么事情发生。罐里的水和外层容器盛放的冰之间是隔开的，两者互不相侵，然而它们之间却可以传热。假如实验进行

得很顺利，过不了多久，当铸铁罐及其含有物冷
却到一定程度，当这只或那只铸铁罐爆裂时，我
们可以听到一声巨响。这时，我们检查一下铸铁
罐，就会发现，里面尽是大块大块的冰。因为冰
在体积上比水大许多，铸铁罐太小，无法容纳，
所以铸铁罐就被冰胀破了。大家都很清楚冰漂浮
在水面上是个什么情况。如果一个男孩从冰窟窿
里掉进去，他会试着爬到冰上，让冰把自己浮起
来。冰为什么会浮在上面？想一想，动动脑筋。
因为冰的体积，比等量产生它的水的体
积要大，所以冰轻水重。

　　现在回过头来看看对水加热会出现
什么变化。看看从这个白铁筒里冒出来
的蒸汽（图15）。蒸汽一定是充满了白
铁筒，才会有这么多向外跑。现在，既
然我们能够通过加热的方法把水转换成
蒸汽，那么我们用制冷的方法就能把它
再变回液态的水。如果我们取一只玻璃
杯，或者任何冷的物件，把它放到蒸汽

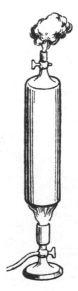

图15

的上面，看看，它用不了多久就蒙上水，变得潮湿起来：只要玻璃杯是凉的，就会一直可以对水产生冷凝作用——这些正沿着杯壁流淌的水，便是冷凝的结果。

我还要做另外一个实验，让大家看看从蒸汽状态回复到液体状态的冷凝过程。我采用同样的办法，就像蜡烛燃烧产生的蒸汽冷凝在碟子的底部，回复到水的状态一样。

为了向大家真实而全面地演示这些变化，我要把这个盛满蒸汽的白铁筒上面盖住，在它外面浇上冷水，让里面的蒸汽复原到液体状态，我们来看看会发生什么。［法拉第教授把冷水浇上去，白铁筒立刻瘪了下去（图16）。］大家看到了吧。如果我把瓶塞儿塞紧，继续给它加热，蒸汽就会撑开容器。然而，当蒸汽回到水的状态，容器就又会瘪下去。这是由于蒸

图16

汽凝结，里面出现了真空的缘故。我演示这些实验的目的是想告诉大家，所有发生的这些变化，都没有把水变成另外的东西。水仍然是水，容器只有屈服，浇冷水时就向内压瘪；加热时，容器便向外鼓胀。

　　大家想想，水在蒸发状态下的体积有多大？你们看这个 1 立方英尺^①的立方体，与它挨着的小立方体是 1 立方英寸（图 17），它与 1 立方英尺的大立方体的形状是一样的。体积为 1 立方英寸的水，足可以膨胀成 1 立方英尺的水蒸气；反过来，通过制冷的办法，

图 17

1 立方英尺的水蒸气，又能还原成一立方英寸的水。[这时一只铁罐破裂了。] 啊！我们有一只铁罐炸了。大家看这里，这边有一道八分之一英寸（0.3175 厘米）宽的裂口。[这时另一只也炸开，把冷冻混合物弄得四处飞溅。] 又爆了一个，尽管铁罐有将近三分之一英寸（约 0.85 厘米）厚，

————————————
① 英尺（ft），1 英尺 = 30.48 厘米。——编辑注

冰还是把它给撑炸了。这些变化在水里经常会发生，并不一定总是需要借助人力。我们在这里用了冻结性的混合物，只是因为我们要在铁罐周围制造一个冰冻小环境，来代替漫长而严寒的冬天。但是如果去了加拿大或者英国北方，大家就会发现那里的户外温度和我们在这里用冻结性混合物制造的一样冷，都会让这些铁罐爆裂开。

这就是事物背后的原理。所以今后我们不会再被水发生的任何变化所蒙蔽。每个地方的水都是一样的，不管是来自海洋，还是产生自蜡烛的火焰。

3. 水中含有氢（一）

那么，我们取自蜡烛的水是从哪儿来的呢？我必须稍稍提前一点儿摆出这个问题，然后向大家讲解。水确实有一部分来自蜡烛，但是在此之前水就藏在蜡烛里吗？不，它不在蜡烛里，也不在这支蜡烛燃烧所必需的周围空气里，它既不在这里，也不在那里，它来自二者的共同反应：一部分来自蜡烛，一部分来自空气。而这就是我们现在必须继续研究的问题，只有这样，我们才能够彻底明白，桌子上点燃的这一支蜡烛，它究竟经过了哪些化学过程？我们怎样才能达到这个目的呢？要知晓蜡烛燃烧的化学过程，我自有许多办法，但是对于你们，我希望各位能用自己的头脑把我所讲的内容思考一遍，再来展开对蜡烛燃烧的化学过程的认识。

我认为从以下这个方面，大家可以略知端倪。我们刚才看到了一种物质与水发生反应的情形，这个过程戴维爵士曾经展示过。[①]为了唤起大家的回忆，我在那个盘子上再做一遍这个实验。这种东西需要我们小心处理。你们看，如果我在上面溅上一点水，沾水的部分就会着起火来；如果让空气畅通无阻，火就会立即烧向整块

① 钾，是组成钾碱的基本金属元素，于 1807 年由戴维爵士发现。戴维用强力伏打电池成功地将钾从钾碱中分离出来。钾对氧的亲和性使它能够将水中的氢分离出来，氢燃烧并产生高温。

物质。这东西是一块漂亮闪光的金属，它在空气中会发生急剧变化，在水中也是这样。我现在把一块这种东西放到水面上，水代替了空气，大家看，燃烧起来很漂亮，它成了一盏水上浮灯。如果我们再取一些铁粉或铁屑放入水中，会发现它们同样也发生一些变化。虽然不会像钾那样变化激烈，但是它们的反应方式与钾差不太多；它们变锈了，这是与水相遇发生的反应，尽管反应的剧烈程度不同于美丽的金属钾，但是遇到水之后通常也以与钾同样的方式发生反应。我希望大家把这些不同的情况联系起来进行分析研究。

我这里还有一种金属锌，如果我们把它放在火上烧，就可以看到它的燃烧情况，以及生成的固体物质。如果我把一个小锌条放在蜡烛上，大家会看到它的燃烧情况，它既不像钾在水上燃烧那么剧烈，也不像铁粉在水中那样微弱，而是介于这两种情况的中间。现在，它燃烧完了，留下一些白色灰烬。我们还发现，这种金属遇水后也会起某种程度的反应。

我们已经渐渐了解到，如何通过控制这些物质的不同作用，从而获得我们想要的知识。现在，我先从铁讲起吧。在所有化学反应中，每当我们从中获得某种结果时，都会发现，这结果都得归功于热力作用。如果想要精密仔细地研究一个物体对另一物体发生的作用，我们往往不得不求助于热力的作用。我相信大家都很清楚，铁屑在空气中能得到充分燃烧，但我还是想把这个实验演示一下，好让大家记住我下面要讲的铁与水的反应。现在我生起一团火，并且让火焰中空。大家想想这是为什么？因为我想让空气在火焰中心流通。接着取一点儿铁屑，投入火中，大家看，燃烧得多么旺。这种燃烧是由铁屑点燃后不断发生的化学反应引起的。接下来我们继续研究这些不同的反应，探明铁遇水之后会发生什么变化。我们将会看到一个极其完美、极其生动、极其有规律的变化过程，我想大家对此会非常感兴趣。

4. 水中含有氢（二）

请大家看这只火炉，一根枪筒样子的铁管从中横穿而过（图18），我在铁管里装满了闪亮的铁粉末，准备让炉火把它烧红。我们可以让空气从这个铁管进去与里面的铁屑接触，也可以把铁管一端小锅炉里的蒸汽送进铁管中。这里有一个活塞，如果我们不想让蒸汽通过管子进去，可以把它关闭。左边玻璃瓶里有些水，我把水染成蓝色，以便大家观察所发生的变化。现在很清楚了，无论我通过这个管子送进去多少蒸汽，只要进入水里，就会冷凝。因为大家已经看到了，蒸

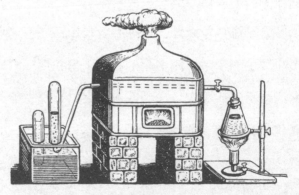

图18

汽冷却之后便不能再回到气体状态。大家在前面的实验中，也看到了长颈白铁筒里蒸汽由于冷凝，体积变小，然后引起容器变瘪的现象。因此，如果我要向这个管子送入蒸汽，而管子又是冷的，蒸汽就会冷凝。但是，我现在要给大家做的这个实验所用的管子是热的。我先向这个管子里送入少量蒸汽，然后大家自己来判断，它从另一端出来时还是不是蒸汽。

既然蒸汽可以凝结成水，那么把蒸汽的温度降低下来，就可以把它转换成液态的水；但是现在，大家看到，这些收集在玻璃瓶中的气体，之前横穿了铁管，又从水中经过，温度已经降低，可还是没有变回水。这是为什么呢？为了回答这个问题，我再来做个实验，用这些气体试一试。我把这个玻璃瓶口朝下倒着拿，以免气体跑掉。如果现在我在瓶口划根火柴，里面的气体就会燃烧起来并发出轻微的爆炸声。这说明瓶里不是蒸汽，因为蒸汽不仅不会燃烧，还会把火弄灭。但是大家看到，我的确让瓶里的气体燃烧起来了。

我们还可以从烛焰产生的水中获得这种气体，也可以从其他来源获得这种气体。如果铁屑与水蒸气发生作用的方式，与它在空气中燃烧的方式一样，那么燃烧后的铁屑重量就会有所增加。如果只是在管子里加热铁屑，不让水或空气与它接触，那么冷却后，它的重量就不会发生改变；但是如果让蒸汽从管子进去，铁屑的重量便增加，与此同时，它从蒸汽中提取了某些物质，并把另一些物质放跑了，这就是我们这里看到的情况。

现在，我再拿一个盛满气体的玻璃瓶，给大家看一个极为有趣的现象。这里盛的是可燃气体，我可以立即在瓶子里点着火，证明它是可燃的；但是我不打算马上把它点燃，我要让大家尽可能看得更多一些。科学研究表明，这种可燃性气体是一种非常轻的物质。水蒸气会凝结，但是这种物质会在空气中上升，并不凝结。假设我拿的是一只除了空气什么也没有的玻璃瓶，只需用一支点燃的细蜡烛去检验，就会发现里面只有空气。我现在拿的这只玻璃瓶盛的是刚才提到的这种可燃性气体，我小心谨慎，轻拿轻放。现在，我把两只都倒着拿，让这一个盛着较轻可燃性气体的玻璃瓶在另一个空瓶的上方（图19）。请注意，我再把这个装着可燃性气体的瓶子，在空瓶子的瓶口下翻过来，瓶口朝上，那么，现在它里面装的是什么呢？大家将发现现在它里面只有空气了。但是请看另一个瓶子，前面那个瓶里的可燃性气体，

图19

已经被我倒进这个玻璃瓶了。而且它依然保持性质、状态和独立性不变。而且由于这种气体也是来自于蜡烛燃烧后的生成物，因而就更值得我们研究了。

由铁屑与水蒸气相作用而产生的物质，也能从另一些我们已经见过的、能对水起很大作用的东西来取得。如果我取一片钾，通过它与水的化学反应，也会产生这种气体。然而，如果我用一片锌来代替，在对它进行仔细观察后发现，锌不能像其他金属那样与水发生持续反应。这是因

为，两者作用的生成物形成一层外衣保护层把锌包裹住了，阻止了锌和水继续发生化学反应。因此我们知道，假如我们只在容器中加入水和锌，光靠它们自己，不会产生更多的反应，我们得不到什么结果。但是假如我接下去用一点儿酸，就会把这个表层——这个阻碍锌与水发生反应的物质溶解掉。这么做时，我发现锌确实像铁一样，与水发生了反应，而且是在常温情况下。在这个过程中，酸并没有发生改变，除非它与所产生的氧化锌结合，才会发生变化。

我现在把酸倒进玻璃罐里，看，里面马上沸腾起来。反应冒出大量东西，但并不是蒸汽。这一瓶已经盛满，当我把它倒扣过来，大家会发现收集的气体，确实与我刚才用铁管做实验时产生的可燃性气体是一样的。它是从水中分解出来的，蜡烛中也含有这种物质（图20）。

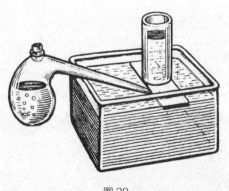

图20

现在我们来仔细梳理一下上述两者之间的关联。这种可燃性气体就是氢。它是一种被称为化学元素的东西，因为我们从氢里面再也提取不出其他东西。而蜡烛并不是一种元素，因为我们可以从中提取碳，也可以确信，我们从蜡烛中可以提取氢，或者至少可以从蜡烛燃烧产生的水分中提取氢。这种气体之所以被称作氢，是因为它与另一种元素化合便生成水。[①] 安德森先生现在已经供给我们两三罐这种气体，我们再来做几个实验，好让大家看看用氢做这些实验的最佳办法（图21）。

图21

我并不担心让大家看到这些实验，因为只要你们细心专注，并在取得周围人同意的情况下，你们也能做这些实验。今后随着我们在化

---

① 氢的希腊文原名也可解释为水。

学上的进一步学习，不得不和一些危险有害的东
西打交道，比如酸、高温、易燃物等。如果粗心
大意，处理不当，便有可能造成伤害。如果你想
制取氢气，就可以用一点儿锌、硫酸或盐酸，让
它们发生反应，就可以制成。这里有一个从前被
叫作"哲人烛"的东西，是一个带软木塞的小玻
璃瓶，有一根管子从软木塞当中插入瓶内。我现
在往里面放几小块儿锌。我打算在我们的实验中
让这个装置派上用场，因为我想让大家看到，人
人都可以制取氢气，只要愿意，也可以在自己家
里用氢做一些实验。

大家想想，我向这个小玻璃瓶里装东西的时
候，为什么这样小心，并且不让它装得太满？这
是因为生成的这种气体十分易燃，大家都看到
了，如果它与空气相混合，会引起爆炸。所以，
水面之上的空气要是事先没有排除干净，在管子
这一端点上火，就会对人造成伤害。

现在我要往里面倒一点儿硫酸。我只用了很
少的一点儿锌，而硫酸和水较多一些，因为我想

让反应状态保持一段时间。并且，我还小心地调整各个成分的比例，以便气体有条不紊地产生——既不要太快，也不要太慢。假如我拿一个玻璃杯，把它倒扣在管子上，因为氢比较轻，它一定会跑到玻璃杯里待一会儿。我们现在就来测试杯子里的东西，看看里面是否含有氢。我敢保证我们已经捕捉到了一些氢，因为我刚一划着火，就马上燃烧起来了。大家看，如果我在管子上方点火，管子上方的氢气也燃烧起来（图22），这就是我们的"哲人烛"。

图22

你们可能说，这种蜡烛很可笑，火焰又那么暗，但是，它的温度却很高，普通的火焰很少有这样的高温。它继续有规律地燃烧。现在我要把它放到这套特制设备下面燃烧，这样我们可以检验燃烧的结果，并且可以运用从中得到的知识。

既然蜡烛燃烧产生水，而氢这种气体又出自于水，那么我们就来看看，通过蜡烛在空气中经历的燃烧历程，氢在大气中燃烧时又带给我们的是什么？为此，我把"哲人烛"放在这套设备下面，以便让里面燃烧产生的东西凝结。要不了多久，你会看到有潮气出现在这个圆筒里，水沿着内壁从里面流出。氢燃烧产生的水，它所起的作用与我们前面所有实验中水的作用完全一样，它的获取过程与前例也并无二致。

5.氢气是一种很轻的物质

氢是非常美妙的物质。它比大气轻很多，因此可以带着别的东西往上飞。我可以做个实验向大家证明这一点。我敢说，只要你们观察够仔细，你们自己就会做这个实验。大家看，这里有一个氢气发生器和一些肥皂水。我将一个橡胶管一头连接氢气发生器，另一头与烟嘴相接。我再把烟嘴插进肥皂水里，让氢气吹泡泡（图23）。大家看，如果我用自己的嘴巴去吹，泡泡就会飘落而下，注意与我用氢吹出的泡泡有何不同。大

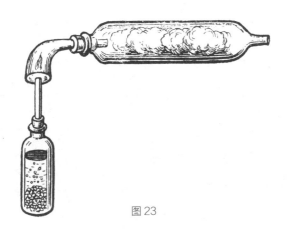

图23

家看到，我用氢气吹出的泡泡一个个都升向礼堂屋顶。这表明，氢这种气体得有多轻！而且它带动的不仅仅是普通的肥皂泡，还有挂在肥皂泡底部的皂液。

我还有比这更好的办法来证实氢气的轻度，让比肥皂泡更大的泡泡也能像这样升起。的确，过去的气球一般装的也都是这些气体。现在，安德森先生要把这根管子固定在氢气发生器上，这样，我们就有一股氢气流来给火棉胶气球充气了。我甚至不必把空气都排除干净，因为我知道这种气体的力量能够让气球升起来。看啊，这个火棉胶气球被氢气充起来了，我放开手，它就飞上去了。这里还有一个更大的气球，是用薄膜制成的，我们也给它充上氢气，让它升起来。大家看到，这些气球全都飘浮着，直到里面的氢气跑光为止。

假如把水和氢的重量比较一下，情况如何呢？我这里有一张表，可以告诉大家它们彼此间的相对重量比。表中是以品脱和立方英尺作为计量单位的，我把它们各自的数值进行一番换算。1 品脱氢仅为 $\frac{3}{4}$ 格令[①]（最小重量单位），1 立方英尺氢重 $\frac{1}{12}$ 盎司[②]；而 1 品脱水重 8750 格令（568.75 克），1 立方英尺水重量几乎接近 1000 盎司（28350 克）。所以，你们看，1 立方英尺水与 1 立方英尺氢的重量差别有多大啊。

无论是在燃烧期间还是燃烧之后，氢不会产生任何固体的物质，只是产生水。如果取一只玻璃杯放在氢焰上，它会变得潮湿，大家可以立即察觉出有水产生。氢燃烧生成的水，和大家看到的烛

① 格令（gr），1 格令 = 0.065 克。——编辑注
② 盎司（oz），1 盎司 = 28.35 克。——编辑注

焰生成的水是一样的。记住下面这一点很重要：
自然界中燃烧后只产生水的物质，只有氢气。

6. 第四讲内容预告

现在我们必须进一步找出水的一般特性和构
成。出于这个目的，我还要多留大家一会儿，这
样我们在下一次报告会见面时，就能对这个主
题有更多的准备。前面的实验证明，通过酸的
帮助，我们可以使锌按照预定的要求对水发生作
用。在我身后有一个电池组，在这次报告会的最
后，我要让大家看到它的性能和力量，以便下一
次讲座时大家对我们必须接触的内容有所了解。
我从身后拿的这些电线接头会把电池组中的电传
输过来，以后我将让它们与水发生反应。

我们之前已经看到了钾、锌和铁屑等燃烧时
产生的威力，但是它们之中没有任何一种能比得
过电力。请看，我把电池的两个线头搭在一起，
瞬时就产生一道耀眼的光芒。事实上，产生这样

的光所需要的力量，要比锌燃烧时产生的力量大上 40 倍才行。虽然我可以通过两根电线把这股电力拿在手上，但是如果不慎触到自己身上，瞬间我就会没命啦！因为这东西的力量极为强烈，只需让两线相接，所发出的电光，就相当于自然界的雷电，它的力量就这么强大。^① 我敢说，我用这些传输电池电力的线头，就可以让这把铁锉燃烧起来。这是一种化学的力量，下次我们相会的时候，我会把它们放在水里，让大家看看会发生什么作用。

---

① 法拉第教授计算出分解 1 格令水所需的电力相当于一次非常强烈的闪电。

第四讲

1. 第三讲内容回顾

我看到大家至今还没有对蜡烛产生厌倦，否则，这个题目讲到现在，你们肯定不感兴趣了。当蜡烛燃烧时，我们发现它的的确确产生了水，就是我们身边普通的水。当我们对水进一步加以研究时，发现了其中奇妙的氢，就是盛在这瓶里的很轻的物质。随后我们看到了氢燃烧的威力，看到它产生了水。我还向大家介绍了一套装置，并且简单地解释说，它是一种能够产生化学动力，或者化学能的装置。通过电线的传导，我们可以用这种力把水分解，来看看除了氢以外，水中还有什么物质。大家应该记得，当我们让水流经铁管时，虽然产生了大量的气体，但是，变成蒸汽的那部分水我们无法恢复它原来的重量了，因为在这个反应中还产生了别的物质。

2.电池的威力

现在我们来看看出现的另一种物质是什么。我们先用这套装置做一两个实验，这样你们就明白它的性能和用途了。我们先把一些我们已经熟悉的物质放在一起，然后看看这种装置能对它们产生什么作用。取少量铜（注意观察它可能发生的各种变化），再往上倒一些硝酸，大家会发现，硝酸是一种强化学制剂，在我把它倒向铜的时候，就产生了强烈的化学反应。现在我们看到产生了美丽的红色气体，但是我们不想要这种气体，安德森先生会把它拿到烟囱附近待一会儿，这样我们可以不受干扰地观察这个实验。我放入烧杯里的铜将发生化学反应：它将把硝酸和水变成含铜和其他物质的蓝色溶液。到那时，我再请大家欣赏电池对它发生的作用。我们还要安排另一项实验，让大家看看电池所具有的威力。

另外，我还要给大家介绍一种物质，这是一种在我看来很像水的物质，它含有什么成分我们现在还不知道，就像我们现在还不知道水含有的另一种物质是什么一样。看，这是一种盐的溶液^①，我把它倒在纸上，让它散开，再接上电池组给它通电，然后观察会发生什么变化。我们从中会看到几个重要变化。我把这张湿纸放在一片锡箔上，这样做可保持平整清洁，也有利于通电。大家看，这溶液没有因为碰到纸上或锡箔上发生什么变化，让它接触别的东西也一样，因此我把它用在这个电力装置上也不会有问题。但是我们先要看看我们的电力装置是否正常，检查一下电池组上的这两根电线是否还与上一次的一

---

① 一种醋酸铅溶液在电流的作用下，负极获取了铅，褐色的过氧化铅在正极。一种硝酸银溶液，在同样的情况下，在负极获取银，在正极获取过氧化银。

样。很简单，我把两根电线接上头，立即就能看出来。现在，线头接起来了，但还是不通电，原来是电极没有接好，电路没有接通。注意，安德森先生给我发来了信号，告诉我已经准备好了。在开始这个实验之前，我还要让安德森先生把我身后的两根电线分开，然后用一根白金丝把它们连接起来。如果这根白金丝在通电时能够烧得通红，那么我们就可以安全地进行实验了。现在大家再看看电的威力。连接成功，这根白金丝变得红通通的，这说明它有很好的导电性能。现在，有了这电力，我们将运用它来对水进行研究。

这里有两块白金片，如果我把它们放在这张贴在锡箔上的湿纸上，我们看不到任何反应；如果我把白金片拿走，看上去也没有什么变化，还是保持原样。但是接下来看看，发生了什么：如果我把两根电线中的任何一根分别放在这两个白金片上，还是看不出有什么变化。这么做没有什么效果，两者完全不发生反应。但是如果我让两根电线同时接触白金片，看看发生了什么？每一根线头下面出现了一个褐色的圆点儿。注意这里产生的结果，看我如何从白色物质中抽离出褐色的物质。毫无疑问，如果我这么安排，把一根电线头放到这张纸另一面的锡箔上——看！这张纸上发生的作用就特别明显。如果大家想看看效果，我可以用这根电线头试一下发电报。现在，我用电线一端在纸上写上一个词"少年"。看，我们的实验多么成功！

大家已经看到，我们从刚才涂在纸上的盐溶液里提取出了以前不知道的东西。现在，我们从安德森手里拿过那只玻璃烧瓶，看看从中能提取出什么。大家知道，这种混合液体，是我们在前面一个实验中用铜和硝酸反应制取出来的。尽管我现在做这个实验颇为仓促，或许还有点儿草率，但我情愿让大家看到现场操作，而不是事先准备好的。

现在，我们看看发生了什么。这两块白金片是这个电池的两极，我把它们放进瓶内的溶液里，就像我刚才在纸上做的那样。无论将这种溶液涂在纸上还是装在瓶里，对我们来说都是一样的，只要这个电池的两极能与溶液接触就行。如果我把两块白金片单独放进去而不让它们和电池连接，当把它们取出来时，它们就会像放进去之前那样又白又干净。但是如果我们把白金片接上电池，然后再浸入溶液，大家看这块白金片，立即变得像铜一样，它已经变得像一块铜片了；而另一块白金片还是非常干净。如果我把这两个白金片调换一下位置再浸入溶液，原来表面全是铜的那个变干净了，而原来干净的那个表面镀上了一层铜。这样，大家看到了，利用这个装置，我们放入溶液里的铜，也可以原样取出来。

3. 用电池可以把水分解

我们现在不研究铜和硝酸这种混合液，先来看看这套装置对水产生什么作用（图 24）。这两只小白金片我打算用来做电池的两极，C 是一个小容器，之所以做成这个形状是为了能够把它拆

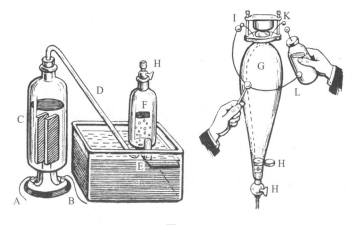

图24

解，让大家看到它的结构。在 A 和 B 这两只杯
子里面我倒入了水银，这样与白金片相连接的两
个导线末端就发生了接触。在容器 C 里面装有
半瓶水，里面加了一点儿酸。但是这些酸在反应
中只起到催化作用，本身不会发生变化。容器顶
端连接的是一支玻璃弯管 D，可能让大家想到我
们先前的熔炉实验中那根枪筒铁管，现在它从玻
璃瓶 F 底下通过。

　　我已经把实验装置调试好了，接下来我们将
让它对水发生作用了。在前面一个实验里，我曾
让水流经一只烧得赤热的管子；这一次我要在容

器里通上电流。或许我可以把水烧沸，如果确实做到了，就将得到水蒸气。大家知道水蒸气遇冷会凝结，所以根据这一点就能判断我有没有把水烧沸。不过，也有可能的情况是，我虽然没有把水烧沸，但是让水发生了另外的反应。实验马上开始，请注意观察。

这是两根电线，我把其中的一根放在 A 这边，把另一根放在 B 这边。大家很快就能看到这样做会引起什么变化。C 容器中的水看起来明显在沸腾，但是真的在沸腾吗？让我们看看是否有水蒸气从那里出来就清楚了。我想，如果水里冒出来的是水蒸气，那么大家很快会看到玻璃瓶 F 将被水蒸气充满。但是它可能是水蒸气吗？唉，当然不是。因为玻璃瓶 F 保持原样，大家看，没有发生改变。因此，它不可能是水蒸气，一定是某种常态的气体。那是什么气体呢？氢气？或者别的什么气体？好了，我们就来研究研究它吧。

如果是氢气的话，它就会燃烧。[法拉第教

授把一部分收集起来的气体点着，气体嘣地一下就烧了起来。〕显然，它肯定是一种可燃物质。尽管这火光的颜色，有些像氢在燃烧，但是它与氢燃烧不一样，氢燃烧时不会有声音。而且这种气体不接触到空气，它也会燃烧。为了向大家指出这一实验的特殊情况，我使用了一种特殊装置（见图 24 右图）。我把这个敞口的容器换掉，代之以密闭容器。我要让大家见识一下这种气体，不管这玩意儿究竟是什么，它都可以在没有空气的条件下燃烧。这就与蜡烛有所不同，蜡烛在没有空气的情况下不可能燃烧。

我们这个实验操作方法如下：在玻璃容器 G 上装配两根可以导电的白金线 I 和 K，G 容器接上空气泵把里面的空气抽出。空气抽净之后把 G 与玻璃瓶 F 连接在一起，让 F 中的气体进入 G 容器。这种气体是我们用伏打电池作用于水形成的，是我们通过对水加以改变从而产生出来的。对这一点我要强调一下，我们确实已经通过前面那个实验把水变成了气体。我们不仅仅是改变了水的状态，还实实在在地把水变成了气体物质，因为在那次实验中所有的水全部被分解了。我把 G 容器装在 H 这里，把两根玻璃管连接好，然后打开 HHH 这三个管栓。大家观察 F 瓶的水面，会发现有气体冒出来。等 G 容器盛满了足够的气体，我便把管栓拧紧，这样就隔断了两个容器之间的气体通道。然后再把莱顿瓶① L 与白金线接触，这时立刻产生了电火花。这个原本又透亮又干净的容器现在就变得雾蒙蒙的。大家看到闪耀的电光了吗？实际上，里面发生了小爆炸，但大家听不到声响，因为这个容器非常结实，足可以把爆炸声阻在里面。如果我再一次把 G 容器与 F 玻璃瓶连接起来，并拧开这些管栓，大家将看到这气体再次冒出。而那些此前聚集在玻璃瓶里的气体，刚才已被电火花点燃，已经消失得无影无踪，如大家所见，那些气体已经变成了水。留下的空间又被新产生的气体占领。如果

① 一种蓄电器。——译者注

我们重复这个操作，就会看到同样的现象。在爆炸之后 G 容器总是空出来，因为这些气体来自电池对水的分解，在电火花引起的爆炸中又变成了水。大家马上就会看到，上面的容器里有一些水滴沿着玻璃壁淌下来，汇集到底部。

我们在这儿跟水打交道，完全没有考虑空气的参与。蜡烛产生水是需要借助空气的。但是，用上面这种方法，水的产生就不必借助于空气。因此，很明显，除氢以外水还应该含有另一种物质，蜡烛是从空气那儿取得这种物质的。而这种物质和氢化合，便产生了水。

4. 除了氢之外，水中还含有氧

刚才大家看到，这个电池组一端的线头上，附着了一些来自蓝色溶液的铜。那完全是靠电力的作用。既然电力有如此大的威力，能够使金属溶液在化合后又使它重新分解，那么难道我们就不能找出办法利用它把水的各个成分分离开来吗？现在，我拿这个电池组的两个金属电极，来试一试这个化学装置（图 25）里的水，看看会发生什么情况。

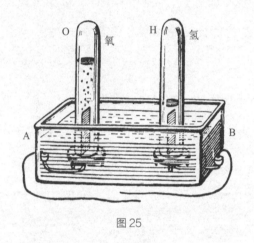

图 25

我把两个电极棒分开放置，让彼此隔得远一些。其中一个放置于 A 处，另一个放在 B 处。每根电极棒分别放在一个带洞眼的小架子上，这样安排，无论电池的哪一头有气体冒出来，都不会彼此混淆。因为大家已经知道，水在此情况下除了变成气体，是不会变成蒸汽的。现在，导线与盛水的容器正常连接起来了，大家看到有气泡冒了出来。我们把这些气泡收集在一起，看看到底是什么东西。这里有一个玻璃筒 O，我把它盛上水后倒扣在电极 A 上，然后取另一只玻璃筒 H，也装上水后倒扣在电极 B 上。这样，我们拥有了两套化学仪器，在两处可以同时产生气体。过不多久，这两只玻璃筒都会盛满气体。现在气体来了，右边 H 这个充得快，左边 O 这个充得稍慢。尽管我已放走了一些气泡，但反应依然相当有规律地进行着。假如不是两只玻璃筒大小不一，你们会看到 H 里面的气泡是 O 里面的两倍。这些气体都是无色的，在水面也没有凝结，它们看起来，完全一样——根本无法加以区别。好在它们的体积庞大，用来进行实验很方便，我们完全有可能对它们进行研究，认清它们的真面目。我首先拿起玻璃筒 H，希望你们做好准备，来认识一下什么是氢气。

请大家先回想一下氢气的各种特性——分量轻，在倒置容器里也待得住，在瓶口燃烧时火焰呈淡白色。我们来看看玻璃筒 H 里的气体是否满足所有这些条件。如果是氢气的话，当我把容器倒过来时，它还会留在里面。把点着的火凑过去，它燃了起来。果真是氢气！

另一个玻璃筒 O 里是什么呢？大家知道和氢化合变成水的就是这种气体，它跟氢气混在一起着火燃烧的时候，会发出一种爆炸的声音，因此帮助氢燃烧的也一定是这种气体。我们知道这个容器里的水是由两种东西组成的，其中一种是氢，那么另一种是什么呢？实际上，在这个实验之前，它已含在水中了，而现在我们把它单独分离出来让它待在玻璃筒 O 里。我现在把这块燃着的木片投入这种气体中。大家看，这种气体本身不会燃烧，但是它会让木片燃起来。瞧，木片燃烧得多么旺，比在空气中燃烧得更好。现在大家看到了，这另一种组成物质本身就含在水中，并且蜡烛在燃烧产生水时必须从大气中获取这种物质。我们把它叫作什么呢？叫 A、B，还是 C？我们叫它 O[①]，把它叫作"氧"。这个名称非

————————

① "O"为氧元素符号。

常不错，发音清楚又响亮。那么，这就是氧，存在于水中，占水的绝大部分。

5. 水中的氢氧比例和氧气的其他制取方法

从现在开始，我们会更加透彻地理解我们的实验和研究，因为在一两次验证这些事实之后，我们很快就会明白为什么蜡烛能在空气中燃烧。当我们用这种方法对水进行分析之后——就是说，分离或电解水，我们获得了两份氢和一份能够使氢燃烧的氧。这两种东西的重量我们列在下面的表中：我们发现水的另一元素。氧相对于氢非常重。

氧 ……………………88.9
氢 ……………………11.1
水 ……………………100.0

从水中分解氧的过程刚才我已经演示过了。现在我要告诉大家如何获取大量的氧。说到这，大家立刻就会想到，氧存在于大气之中。如果没有氧，蜡烛该怎么燃烧才能产生水呢？这样的事情是绝对不可能的，从化学角度看，更是办不到的。我们能够从空气中获得氧吗？可以。但是从空气中获取氧，是一个非常复杂和艰难的过程，而我们有更好的方法。

有一种黑色物质叫二氧化锰，它是一种颜色非常黑的矿物，非常有用，把它烧得又红又烫后就会释放出氧气。这里有一个铁罐，里面已经装了一些这种物质，我把一根管子固定在罐口上面（图26）。火已经准备好，安德森先生将把这个铁罐放进火里烧，因为是铁制的罐，所以能够耐高温。这里还有一种叫氯酸钾的盐，由于它在漂白、化学、医药、烟火制造等方面都有用处，因

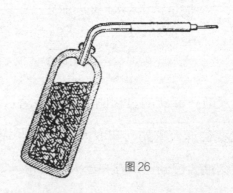

图26

此目前正在大量生产。我将这种物质和二氧化锰混合在一起（与氧化铜、氧化铁混合也可以）。如果我把它们一起放入这个蒸馏铁罐里加热，并不需要把温度增加得太高，就能使氧从混合物中释放出来。这儿我不准备制取太多氧气，只要够我们这个实验用就可以了。不过，大家稍后就会看到，用量过少也不行，因为最先出来的气体将与已存在于蒸馏罐中的空气相混合，它被空气稀释得过淡，因此，我只能放弃这一部分气体。大家会发现，这种情况下一盏普通的酒精灯也能使这种混合物分解出氧气。如此一来，我们就可以用两种方法进行氧的制备。看看从这一小份混合物里跑出来的气体，多么自由自在。现在我们就来对它进行研究，看看它有什么特性。

我们用这种方法制取的气体，如你们所观察，和我们用电池做实验电解生成的气体是一样的：透明、不溶解于水，与空气的性质差不多。因为铁罐里本来就含有空气，它和刚开始制备的氧气混合在一起，所以我们得把它们一起清除掉。这样后面制取的氧气就比较纯净，可以保证我们的实验在常规、可靠的情况下进行。既然我们通过电池从水中获取的氧气，对木头、蜡烛或者其他东西的燃烧有那么良好的助燃作用，那么，我们可以期望这个铁罐里制取的氧气也有同样的作用。我们就来试一试吧。大家看，我这儿有一支燃烧的细烛，它在空气中的燃烧情况就像现在一样（图27）。现在我把细烛放进铁罐里。看，它燃烧得多么明亮、美丽！还不止这些：你会察觉出氧气是一种分量较重的气体，而氢气可以像气球一样往上飞升，要是身上没什么牵挂，甚至比气球跑得还快。大家不难看出，尽管我们从水中所得氢的体积是氧的两倍，但重量上却不是两倍，因为氧气比较重，而氢气却非常轻。要想称称气体或空气的重量，我们是可以办到的，但是我们不必停下实验来讲解测量方法，我直接把它们的相对重量告诉大家。1品脱氢的重量是 $\frac{3}{4}$ 格令（0.04875克），1品脱氧的重量将近12格令（0.78克）；1立方英尺氢的重量是 $\frac{1}{12}$ 盎

图27

司（2.3625 克），1 立方英尺氧是 $1\frac{1}{3}$ 盎司（37.8 克）[①]，差异非常大。依此计算，我们能够算出待称量物质的轻重，能够计算出数百磅至数吨的重量。

6. 氧气的助燃作用

现在，关于氧相对于空气更能助燃的特点，我要以一支蜡烛为例粗浅地向大家说明一下，虽然这个结果也很粗浅。请注意，这是在空气中燃烧的蜡烛，如果它在氧气中燃烧会怎么样？我这里有一瓶氧气，现在把它罩在蜡烛上。大家可以对比一下，蜡烛在氧气中的反应与在空气中有什么不同。好，请看一看，它发出的光焰与大家以前看过的电池组两极发出的光一样，非常强烈。不过，在整个反应期间，并没有比蜡烛在空气中

---

① 其比例关系，符合氢与氧的摩尔分子量之比（即 $\frac{1}{12}:1\frac{1}{3}=1:16$，即 $2:32$）。——编辑注

燃烧产生的东西更多，产物同样是水，现象也完全相同，就如同蜡烛在空气中燃烧一样。

现在，我们掌握了关于氧气这种新物质的初步知识，就可以再细致地对它进行研究，以求全面理解蜡烛燃烧生成的产物。这种物质的助燃威力很是奇妙。比如这盏灯，别看它结构简单，它可是现代各种灯塔、显微照明和潜水用灯的鼻祖。如果有人提议要让这盏灯大放光明的话，你也许会说，"如果一支蜡烛可以在氧气中燃烧得更好，那么一盏油灯在氧气中燃烧不也会更亮吗？"哎，说得对啊。为了证明这一点，安德森先生把一只从氧气贮存罐中接出的管子递给我，我把它凑向火焰喷氧气。请注意，这个火焰原本我是有意让它燃烧得不好的，现在氧来了，这灯燃烧得多么旺！但是如果我把供氧切断，这盏灯变成什么样了呢？我现在就关掉氧气，灯光又回到先前那样昏暗了。氧气对于燃烧的促进作用真是很奇妙。其实，它不仅可以促进氢、碳和蜡烛燃烧，对其他任何东西，也具有同样的助燃作用。以铁的燃烧为例，大家以前看到过，铁在大气中只燃烧一点儿。现在我们把它放到氧气里试一下，看它燃烧起来是什么样。

这里有一瓶氧气，这是一段铁丝，即使不用铁丝，换一根像我手腕一样粗的铁棒，也会同样燃烧起来。我先在铁丝顶部栓块小木片，然后把木片放到火上点着，再把它们一起放在氧气瓶里（图28）。木片现在剧烈地燃烧起来了，这是因为木片遇到了氧气的缘故。请注意，木片的火苗很快就会蔓延到铁丝上，瞧，铁丝现在烧得很旺，并且会持续很长一段时间。只要我们不断地供给氧气，铁丝就会继续燃烧，直到最后烧尽。

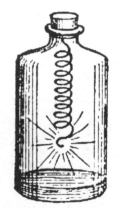

图 28

现在我们把铁丝放在一边，来试试别的东西。但是我们必须把要做的实验限定一下，因为我们没有太多时间全部演示一遍，假如有更多时间，你们是有权利看到的。现在我拿来一块硫磺，大家都知道硫磺在空气中是如何燃烧的。

好，我们把它放入氧气中，以便让大家看到，凡
是在空气中能燃烧的东西，在氧气中都能燃烧得
更加猛烈；大家由此可以得出结论：空气本身的
助燃性能，也统统是氧气赋予的。现在硫磺在氧
气中稳定地燃烧着，但是大家可以清晰地辨别

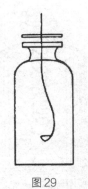

图29

出，这里发生的反应比在普通空气中剧
烈多了。

现在我要让大家看一下另一种物
质——磷的燃烧（图29）。我在这里做
的这个实验肯定要比你们在家里做要来
得好，会比较安全。因为磷在空气中是
一种非常易燃的物质，大家可以想象它
在氧气中能够燃烧成什么样！我要给大家看的不
是它的完全燃烧状态，因为要是这么干，我们几
乎会把这个化学仪器点爆。即便十分小心也可能
把这个瓶子弄碎。大家看，它在空气中怎样燃
烧。但当我把点燃的磷放入氧气瓶中，它发出的
光亮多么耀眼啊！好多固体微粒爆出来，燃烧发
出的火光如此灿烂明亮！

7. 氧是如何让氢燃烧生产水的?

　　刚才我们已经在其他物质身上检验了氧的威力和它出色的助燃力。现在我们必须花点儿时间来研究一下氧对氢的作用。大家知道，当我们从水中分离出氧与氢，再把它们混合在一起燃烧的时候，产生了轻微的爆炸。大家还记得当我把氢和氧一起放在喷嘴上点火时，火光很弱，但是温度极高。现在我要按水的氢氧比例把它们混在一起点燃。这个容器里盛装着一份氧和两份氢，这种混合物与我们刚刚从电解中获取气体的性质完全一样。不过，瓶内的气体一下子烧起来的确有点多，我想先让它吹肥皂泡，然后再点燃这些泡泡，这样我们就可以观察氧是如何助氢燃烧的。

　　那就让我们先来看看这种混合气体能不能吹出泡泡。好，这种气体来了。我把一支烟管一头插在玻璃瓶上，另一头插到肥皂液里。现在泡泡跑出来了，我用手接住它们。大家可能会认为我的做法很奇怪，但这是为了告诉大家，我们不能总是相信声音，而要相信真正的事实。我只能让泡泡在我的手掌上爆炸，不敢点燃烟管端口的泡泡，因为这个爆炸会传递到瓶子里，并把瓶子炸成碎片。从现象所见，从声音所闻，我们知道，氧接下来会与氢迅速产生反应，在这种剧烈作用之下，氧把全部威力用于改变氢的固有特性。

所以现在，大家对于燃烧时生成水的全部过程以及与氧和空气的关系，已经比较明白了。为什么钾能分解水呢？因为它发现了水中的氧，并且强烈地要和氧结合。当我把钾放进水里，像这个样子再做一遍，有什么东西被释放出来了呢？是氢，并且氢燃烧起来了。而这块钾，在把蜡烛燃烧产生的水分解的过程中，带走了蜡烛燃烧时取自空气中的氧，如此，氢得到释放。即使我将一块钾放在冰上，结果也完全相同。

今天我给大家做这个实验，是为了扩大你们的眼界，从中可以看到，周围环境对事物的影响力量是多么强大。冰上的钾，就像火山爆发了一样。

　　在我们下一次相会的时候，我会告诉大家以上这些反应都是很特殊的。我会让大家看到，我们所遇见的事物并没有超常和怪异——我们燃烧的不仅仅有蜡烛，还有街道上的瓦斯灯，也有炉火中的煤，只要我们让自己接受自然法则的引领，这些燃烧便不会产生奇特而危险的反应。

第五讲

1. 蜡烛在空气和氧气中燃烧的比较

通过上次的实验，我们已经看到了：从蜡烛
燃烧生成的水中可以制取氢和氧。大家知道，氢
来自蜡烛；而氧，大家认为是来自空气。接下来
大家完全有权利问我："空气和氧气对蜡烛的燃
烧效果怎么不一样呢？"如果大家还记得我把蜡
烛放到一瓶氧气里燃烧的情形，便能回想起这与
蜡烛在空气中燃烧的情形极为不同。这是为什么
呢？这是个重要的问题，我将尽力给大家讲解清
楚。这个问题与空气的性质有着极为密切的关
系，并且对我们至为关键。

除了用燃烧这种方法检验氧的性能之外，我们还有一些别的方法对氧的特性进行检验。大家已经看过蜡烛在氧气或空气中燃烧了，也看到过磷在氧气或空气中燃烧，还看到过铁屑在氧气中燃烧。现在，我要用另外一两种方法进行实验，以便大家对这个问题能有更进一步的认识。

这是一个装着氧气的容器。我要向大家证明氧气的存在：我将一小块冒烟的木片放进氧中，凭我们上一次遇到这种情况获得的经验，你们知道将会发生什么——通过木片燃烧的程度，我们可以判断这里是否有氧气。好了，它燃起来了，这证明容器里面有氧气。现在我们再做一个更有趣也更见效的判断氧气存在的实验。这里有两个充满气体的瓶子，之间有一个圆形玻璃片阻止瓶里的气体相互混合。现在，我拿掉圆形玻璃片，两种气体便悄悄混合在一起。会发生什么情况？大家可能要说，"它们不会产生蜡烛燃烧的现象"。但是在与另一种物质相结合时，氧气明显地向我们宣示了它的存在。^① 我用这种方法得到的气体呈棕红色，多漂亮啊！这说明氧是真实存在的。

用同样的办法，我们可以把这种气体与普通空气混合起来进行实验。这里有一个盛着空气的瓶子，蜡烛可以在里面燃烧。这个瓶子里装的是氧化亚氮，就是刚才实验中用的气体。我把这两种气体一起放到水面上，大家来看看结果：氧化亚氮气体正流入盛空气的瓶里，出现了棕红色气体，这说明这个反应与之前的反应相同，证明空气中有氧存在。而这种氧我们曾经从蜡烛燃烧的水中得到过。那么，还是这个问题：蜡烛在空气中燃烧怎么不像在氧气中一样好呢？我们马上就来研究这一个问题。

这里有两个瓶子，里面盛的气体一样多，它们的外表看起来也是一样的。我目前真的不知道哪个瓶子里是氧气，哪个瓶子里是空气，尽管事

---

① 这种用来测试氧存在的气体是氧化亚氮，它是一种无色气体，与氧化合可生成棕红色的亚硝酸气体（二氧化氮）。

先我是知道的。这里有我们的测试气体氧化亚氮，我要让它与这两瓶气体发生反应，看看瓶里的气体变红的过程中，两者在程度上存在什么样的差异。我现在把氧化亚氮气体放入其中一个瓶子里，观察发生的反应。大家看，瓶内立刻出现了红色气体，说明有氧气存在。我们再用同样的方法试试另一个瓶子，但是请看，红是有点红，但并不像第一个瓶里那么明显。而且，事情到此并未结束，奇妙的事情刚开始。要是我继续往瓶里放氧化亚氮气体，再在瓶子里灌点水，然后摇几下，水就吸收到更多的红色气体。我可以这样放放摇摇，摇摇放放，一直给大家表演下去，只要瓶内有氧气起作用，这出戏就没个完。如果我让空气进入，就不会发生任何变化，只是在注水的时候，就看不到红色气体了。我可以继续下去，加入更多的氧化亚氮气体，一直到这让空气和氧变红的特殊气体，再也没法把最后剩下的气体变红。这种现象是否说明瓶内的氧化亚氮已经耗尽了呢？不是的。我这就让一点儿空气进入到瓶子里来，如果变成红色，说明还有氧化亚氮气体存在。结果，不出所料，氧化亚氮气体依然存在。那是为什么？大家马上会看出，这是因为除了氧，瓶里还有其他气体。

2.空气中的另一种气体：氮气

现在你们会逐渐明白我要讲的内容。大家以前看过我在瓶子里燃烧磷，当磷在玻璃瓶中燃烧时，它与空气中的氧发生化学反应产生烟雾的同时，剩下大量未燃烧的气体。这种气体无法让磷与它发生化学反应。实际上，它与前面实验中不能使空气和氧继续变成红色的剩余气体，是同一种物质。这种物质当然不是氧，但也是空气的组成部分。

所以，用这种方法可以把空气的成分分离成两种物质：一种是能够帮助蜡烛、磷及其他一切物质进行燃烧的氧；另一种是不会让这些物质进行燃烧的氮。氮在空气中所占的比例比氧大得多，如果我们对它进行深入研究，会发现它十分奇特。尽管氮格外宝贵，但你们也许会说，它毫无趣味。它的无趣表现在：它的燃烧产生不了光焰。如果我用一支蜡烛，像对氧和氢那样试探它，它不会像氢那样燃起来，也不会像氧那样帮助蜡烛燃烧。我想尽办法，这样不成，那样也不成。它不会起火，也不会让蜡烛燃烧，反倒会把所有燃烧的东西弄灭。通常条件下，没有任何物质可以在其中燃烧。它没有气味，不会让人感到难闻，不溶解于水。它不属于酸类也不属于碱类。它对我们身体的各个器官不产生什么影响，你甚至感觉不到它的存在。

这样一来，你们可能会说："这东西一无是处，它没有化学研究价值。在空气中它能做什么呢？"要知道，只有通过精心的科学分析，才能得出正确结论。设想一下，假如空气里没有氮只有氧，我们这个世界将会变成什么样子？大家十分清楚，铁在氧气中会一直燃烧到化为灰烬。当你看着铁炉里的火，想象一下，如果整个大气都是氧的话，那么铁炉是不是就烧化了呢？因为铁炉燃烧起来的威力比煤更大，比我们放进去的煤更加易燃。如果大气中都是氧，那么我们在火车头中烧煤，就如同在燃料库里放火。但以上情况并未发生，是因为氮降低了危险，使我们能安全地利用氧。同时氮还带走了燃烧蜡烛时产生的烟，把它们驱散到大气里，把它们运送到它们要去的地方，完成其造福人类的重要而光荣的使命，维持植物生长。这是它最为奇妙的作用。难怪大家会说："嗨！这东西多么平淡无奇！"

在一般情况下，氮是一种极不活跃的元素，在缺少强大电力的情况下，氮不与大气中或其周围的其他元素直接发生反应并产生氮化物；即使有了强大电力，它也只是最小限度地发生反应。所以说，它是一种极其稳定、安全的物质。

3. 空气的主要组成

但在进一步讨论之前，我还得给你们介绍一

点关于空气的知识。空气成分的百分比如下表：

	体积	重量
氧………	20%	22.3%
氮………	80%	77.7%
	100%	100.0%

这是基于目前对氧与氮在空气中的含量进行真实分析得来的结果。[①] 通过分析体积，我们发现 5 品脱（2.8415 升）大气含有 1 品脱（0.5683 升）氧和 4 品脱（2.2732 升）氮。的确，为了能够为蜡烛燃烧提供适当的燃料，也为了我们的肺能够在空气中健康安全地呼吸，必须要有这么大的氮量去削弱氧的活力。因为，正确调节氧的含量，对人们的呼吸，与对蜡烛燃烧一样，意义非常重大。

现在我们再来研究一下空气的组成。首先我要告诉大家组成空气的气体的重量。1 品脱氮

---

① 当时人们认为空气中只有氧和氮，不知道空气中还有其他稀有气体。

重 $10\frac{4}{10}$ 格令（0.676 克），或 1 立方英尺重 $1\frac{1}{6}$
盎司（33.075 克），这是氮的重量。氧比较重：
1 品脱重 $11\frac{9}{10}$ 格令（0.7735 克），或 1 立方英尺
重 $1\frac{1}{3}$ 盎司（37.790 克）。1 品脱空气重 $10\frac{7}{10}$ 格令
（0.6955 克），1 立方英尺重 $1\frac{1}{5}$ 盎司（34.02 克）。

4. 怎样给气体称重？

大家多次问起："怎样给气体称重
呢？"我很高兴有这样的提问。我这就
给大家演示。非常简单，也很容易做到。
这里有一架天平，还有一个铜瓶，又轻
又结实，车制得非常精致，密封完好，
瓶口带一个可以打开和盖上的活栓（图
30）。现在活栓是打开的，因此瓶子里充
满了空气。这里有一个已经校准的天平，
我想在现在的条件下，把瓶子放上去，
在另一边用法码使天平平衡。然后，我
拿开铜瓶，用这个气泵向瓶中打气，我

图30

们可以用泵计量打进空气的体积。[泵入 20 个计量单位。] 打完气，关上活栓，再将它放回秤盘上。看，秤盘下降，铜瓶显然比之前重了很多。为什么？因为我们用气泵向瓶里面泵入很多空气。虽然铜瓶中空气体积并未扩大，但由于空气增多，所以重量也有所增加。

为了让大家了解铜瓶里到底增加了多少空气，我们再来做一个实验：这里有一个盛满水的玻璃瓶，我要打开铜瓶，把里面的空气放进这只玻璃瓶里，让铜瓶里面的空气回到先前的状态。

图 31

我现在把两个瓶口紧紧对在一起（图 31）。大家看，这是我先前向铜瓶里泵入的 20 个体积单位的空气，现在都跑到玻璃瓶里去了。为了证实我们已经把前面打入的空气全部放了出去，我们把铜瓶再放到天平上，如果它和原来的重量一样，我们就能肯定我们的实验是正确的。请看，天平回到了平衡点。用这种方法我们可以得出铜瓶中额外打入的空气的重量，而且靠这个方法我们能够算出 1 立方英尺的空气重 $1\frac{1}{5}$ 盎司。[①]

但是这个小实验并不足以恰如其分地说明事情的真相。它的妙处只是在于当你遇上较大体积空气时知道如何计算。我们知道，1 立方英尺空气重 $1\frac{1}{5}$ 盎司（34.02 克）。大家想一想，上面那只特制的箱子里的空气有多重呢？我可以毫不夸张地说，箱子里的空气有 1 磅重。我已经对这个房间里的空气重量做了计算：大家很难想象得到，这里有超过一吨的空气。空气的重量随体积的扩大而快速增长，氧和氮在大气中的存在也非常重要，它们来来回回地把大气中的物质从一处运送到另一处，把有害的气体运送到让其有益无害的地方去。

---

① 即 1.2×28.349523 克 /（30.48 厘米）^{3} = 0.0012013847 克 / 厘米 ^{3} = 1.2013847 千克 / 米 ^{3}（空气密度为 1.29 千克 / 米 ^{3}）。

5. 空气的压力

有关空气重量的问题就说这些，现在我想谈谈它对事物造成的影响。大家对此应该有所了解，否则对于日常生活中的许多现象就会有很多困惑。有个实验不知道大家以前见过没有？还记得不？我这儿有一个泵，有点儿像我在前面往铜瓶里打气的那件。另外，我再拿个圆筒和泵连接起来，圆筒口可以用手掌严密地蒙住，一点也不漏气（图32）。请注意，在空气中，我的手可以自由活动，一点不费劲儿，即使动得再快，也感觉不到阻力。但是如果我把手放到圆筒口上，

图32

随后用抽气泵把空气抽掉，大家看看发生了什么情况。我的手被牢牢固定在这个地方，要是我把手往上使劲一提，结果把圆筒和抽气泵都提了起来。看！我把手拿开是多么不容易！这是为什么？因为上面空气的重量太大了。

　　我再做一个实验，进一步向大家解释这个现象。把这张薄膜蒙在玻璃杯上面，当空气被从玻璃杯中抽出时，大家会从薄膜变形中看到这种现象。现在，玻璃杯口上的薄膜十分平整，但我只要稍微抽动一下气泵，薄膜就凹下去了，并且凹得越来越厉害。最后，这张薄膜终于在一声巨响中破裂了。好了，现在压在上面的空气重量全部释放，大家也能很容易理解这是怎么一回事了。其实，空气中一个个粒子，你压我，我压你，像叠罗汉一样，跟摆在这儿的五个立方体是不相上下的（图33）。你们一眼就能看出，上面四个立方体靠底下的这个立方体支撑，如果我把底下这个拿走，那么上面四个全部要下坠。空气

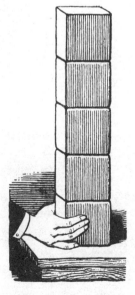

图33

也是如此，上层的空气要靠下层的空气支持，当下层的空气被抽离，就会发生改变。这正是我把手放到气泵上无法拿开以及杯口薄膜破裂的原因。

下面这个例子会让大家看得更加清楚。我在玻璃瓶口上蒙上一片天然橡胶皮，请它把瓶内外的空气隔离开来，然后用抽气泵抽掉瓶内的空气。当我抽气的时候，你们只要注意瓶口的橡胶皮，就能明显看出空气的压力作用。看看它到哪儿了：橡胶皮越来越深，深得连我的手都可以放得进去。这个结果是上层大气强大而有力的作用造成的。这个实验生动地显示出了大气的神奇。

这里有个东西，大家可以在今天报告结束的时候用力拉一下。这个小仪器是两个黄铜制成的空心半球，它们很贴合地安装在一起，其中一个半球连着一根管子和一个旋塞，通过这根管子，可以把球内空气全部抽掉。当空气留在里面的时候，这两个半球很容易分开；然而大家会看到，当我们把里面的空气抽出来之后，你们中任何两人的力量都不能把它们拉开。空气被抽尽后，这个圆球表面每一平方英寸承受的空气压力大约是15磅，你们一会儿就可以过来试试，看看有没有力量征服大气的这种压力。

这里还有一件相当不错的小玩意儿，就是孩子们常玩的吸盘。作为少年科学迷，我们完全有权利利用玩具进行游戏，并且把它和科学研究结合起来，这样就可以提高我们的兴趣，进一步帮助我们理解事物的科学原理。现在，我这里有一个天然橡胶制成的吸盘，我把它按在桌子上，你立即能看到它吸住了。我可以滑动它，但是如果我试着把它拉起，好像桌子也要被一块儿拉起来似的。我可以很容易地把它从这里滑到那里，但是只有把它滑到桌子的边缘，我才能把它取下来。它为什么吸得住？是由于上面的大气压力把它压住了。如果我们把一对吸盘按在一起，大家会看到它们非常牢固地吸在一起。我们也可以像人们提议的那样，将它们吸在窗户和墙壁上。你可以在上面挂你想挂的东西，即使过一个晚上也

图34

不会脱落（图34）。

但是我想应该给你们看一下这个实验，以便你们可以回到家里去做。这是一个相当好的证明大气压力的实验。瞧，这儿有一杯水。假如我要求大家把它倒扣过来，不让水外流，也不许用手托，只能凭借大气的压力，你们能做到吗？要是做不到，我现在就做给大家看。取一只玻璃酒杯，装满水，或者装一半水也行，在杯口上面放一张平展的纸牌。现在我把它倒过来，然后看看纸牌和水变成了什么样子。由于水沿着纸牌边缘具有毛细管作用，空气没有进去，被挡在外面，所以水就流不出来了。

通过这些实验，大家可以正确地认识到，所谓空气其实并不"空"，而是一种实实在在的物质。当我告诉大家那个箱子里盛有1磅

（453.592 克）空气，这个房间里的空气超过 1
吨时，你们应该已经意识到空气非但不空，而且
是某种非常重要的东西了。现在我再来做一个实
验，让大家进一步认识空气这种神奇的力量。这
是一个极好的玩具气枪实验，做起来好玩又简
单。我拿根笔管、细管或其他这类东西当"枪
筒"，再切块马铃薯或者苹果做"炮弹"，像我
现在做出的这个样子。我先把一颗"炮弹"推到
管子的一端压紧，再向管子的另一端推入另一
颗，这样这个管子里的空气就被完全封闭起来为
我们所用了。大家看，不管我怎么用力，也不能
把后面塞进去的这颗"炮弹"推到第一颗附近。
我可以向里推一段距离，但如果我一个劲儿地
推下去，那么当两颗"炮弹"相隔一段距离时，
"枪筒"里的空气就会以一种如同火药爆炸的冲
力，把前面那颗"炮弹"弹射出去了（图 35）。

　　前些天我看到一个非常不错的实验，我认为
在这里很适用。在开始这个实验之前，我应该停
止说话四五分钟，因为接下来这个实验要靠我的

图35

肺来完成。正确地运用空气，我可以依靠呼吸的力量把这只鸡蛋从一个杯子吹进另一个杯子，不过做归做，我也不敢保证一定成功，因为这个实验全靠气足，我已经在这说了很多话，用气过多，很可能吹不动了。

［这时法拉第教授努力地进行这个实验，终于成功地把鸡蛋从一个杯子吹进另一个杯子。］

你们看，我吹出去的空气，在鸡蛋与杯子之间，形成了一阵疾风，由下而上地把鸡蛋掀起来了。如果大家想做这个实验，最好先把鸡蛋煮熟，然后再去吹，这样比较安全，免得一不小心，鸡蛋就破碎了。

6. 空气的弹性

关于空气重量和压力这个话题我已经讲得够多了，但是还有一点应该提醒大家。大家看到我刚才做的枪管实验的时候，我在把第二颗"炮弹"推到与第一颗仅 $\frac{1}{2}$ 英寸（1.27 厘米）或

$\frac{2}{3}$ 英寸（约 1.7 厘米）的距离时，第一颗"炮弹"才能射出去，靠的是空气具有弹性，这与我用气泵向铜瓶里泵入空气是一样的道理。

关于空气的弹性也是十分奇妙的，我愿意给大家详细地讲一讲。取一只既不漏气又富有弹性的薄膜袋，我在这只薄膜袋里装一些空气，把袋子罩入密封的玻璃钟内。要是再用抽气泵将玻璃钟里的空气抽掉，也就是把施加在薄膜袋上的压力取消，它就会逐渐膨胀，把整个玻璃钟撑得满满的。但是，如果我重新把空气打入玻璃钟，薄膜袋又会缩小，空气打入越多，压力越大，薄膜袋就缩得越小。这说明空气有良好的弹性，这种能屈能伸的特性，对于它在大自然中所起的作用具有极其重要的意义。

7. 蜡烛燃烧后产生了什么气体？

现在，我要把话题转向另一个重要方面。大家还记得我们已经研究过蜡烛的燃烧，也知道它燃烧后生成了各种产物。大家知道,这些产物有黑烟、水和某种我们还没有研究过的东西。我们收集了蜡烛燃烧后生成的水,但是其他东西却跑到空气里了。现在就让我们来研究一下这种产物吧。

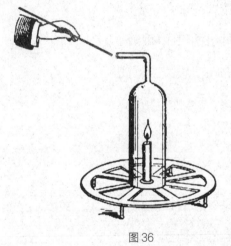

图36

下面这个实验有助于大家理解这种未知物质的性质。我们把一支点燃的蜡烛放在一个架子上(图36),在上面罩上一个像这样的玻璃烟囱。这样蜡烛是不会熄灭的,因为顶端和底部都有空气流通。你们看,刚开始烟囱里出现了雾气。大家都了解这个,这是蜡烛燃烧产生的水,是空气中的氧与蜡烛分解出的氢发生作用产生的。

但是除此之外,还有一种东西从烟囱上面冒出来。这种东西不是水,既不发潮,也不冷凝,就是有种与众不同的特性:能使火熄灭。如果我拿根点燃的木柴放到烟囱口上，里面冒出来的这股气流就把它吹得飘摇不定；要是我把木柴放在正对气流的地方，它就会直接被吹灭。

大家也许会说，就该是这样的嘛。我猜想大家认为理应如此，是因为氮不支持燃烧，理应把蜡烛熄灭。但是除了氮，里面就没有别的东西了吗？

现在我把话说在前面，就是说，我不得不用我自己掌握的知识告诉大家，对于这些现象和这些气体，应该采用什么样的方法去研究和证实。如果我将一只空瓶放在烟囱口，让蜡烛燃烧的产物飘到上面这个瓶子里，不久就会发现瓶子里盛的气体，不仅让放进来的蜡烛没法好好燃烧，而且还有别的特点。

取少量生石灰，在上面浇上最普通的水，先搅拌一会儿，用滤纸把它过滤到一只瓶子里，即可得到一种像水一样清澈透明的液体。我在另外的瓶子里也准备了很多这样的水，但我还是愿意当大家面准备这种液体，好让你们知道它的具体用处。假如我把这种澄清的石灰水倒入盛着蜡烛燃烧时生成气体的瓶子里，大家会看到显著的变化。看到这水变成乳白色了吗？注意，如果单纯和空气相混合不会发生这种情况。这里有一个盛满空气的瓶子，如果我放一点儿石灰水进去，无论是空气中的氮、氧还是空气中的其他成分，都不会给石灰水带来任何变化，它依然清澈无比。在一般状态下，石灰水与空气搅拌在一起不会产生任何变化。但是如果我拿这个盛石灰水的瓶子凑近蜡烛以获取它燃烧的产物，清澈透明的液体立即就变成乳白色了。

这种现象的产生，是由石灰水中的石灰，与蜡烛燃烧生成的某种物质化合而成的——这种物质就是我们正在寻找的蜡烛燃烧的其他产物。我今天就给大家介绍一下。这种物质肉眼看不见，只有通过反应才可见，但这种反应不是石灰水跟氧或氮的反应，也不是跟水本身的反应，而是蜡烛燃烧生成的产物与石灰水共同作用产生的。石灰水和这种新物质发生作用以后，便沉淀出一种白色粉状物，看起来很像白垩（è），经检验后确实与白垩是同一种物质。讲到这里，我们做的这个实验又给我们展示了不同的情况，我们还要追踪白垩这种产物是如何形成的，从而获得对蜡烛燃烧实质的真正了解。如果我取一些白垩，稍微加一点水，放入蒸馏器内加热，大家就会发现，加热后产生的这种气体物质，的确与蜡烛燃烧生成的物质一样。

8. 哪些物质中含有二氧化碳？

但是我们有更好的办法获得这种气体物质，并且能够大量获得，从而确定它的性质。这种气体我们称为碳酸气或二氧化碳。也许大家没有想到，这种物质其实非常丰富。所有的石灰质化合物，白垩、贝壳、珊瑚，都含有大量这种奇特的气体，性质跟蜡烛燃烧后的生成物完全相同（图37）。我们发现在大理石和白垩等固体物质中，它总是静静地待着，完全失去了气体的性质，呈

图 37

现为固体形态。它总是固定在这些石头里面，因为这个缘故，我们又把它叫作"固定气体"。我们很容易从大理石中获取这种气体，不信我马上证明给大家看。

这有一只盛着一点儿盐酸的瓶子。瓶子里除了这点盐酸其余全都是空气。这里还有一支蜡烛。如果我把蜡烛放入瓶内，你们看，它烧得很好，这说明从盐酸水平面到瓶口，全是空气。现在我再拿几块美丽的上等大理石①放到瓶里，瓶里立刻就沸腾起来。但冒出来的不是水蒸气，而是另外一种气体。如果我现在用一支蜡烛放到瓶

---

① 大理石是二氧化碳与石灰化合而成的。它与盐酸相遇后，即可生成氯化钙，放出二氧化碳。

里探查，结果肯定同我上次拿点燃的木柴去试玻璃罩中蜡烛燃烧冒出的气体一样，很快就把火弄熄了。这说明这种反应产生的物质与蜡烛燃烧释放的物质是同一种东西。用这种方法，我们可以获取大量的二氧化碳。看，我们已经几乎盛满了一罐。我们还发现这种气体不仅仅存在于大理石中，白垩中也有。假如用水洗净一些普通的白垩，把其中的大颗粒去掉，只留下精细的颗粒，如同泥瓦匠用来粉刷墙壁时用的那样。然后和水一起装入这个大瓶子，再加入硫酸，同样能产生这种气体。

这里还有个小问题要跟大家解释一下：如果大家也要做这个实验，那也只能用酸来做。假如和石灰化合的是硫酸，就会有不溶解的沉淀物生成；假如是盐酸，石灰会溶解且没有沉淀物产生。大家可能想知道我用这种装置做这个实验的理由。其实我这样做是为了大家可以在家重复我的实验，便于你们得到同样的结果。这个大瓶里生成的二氧化碳，与蜡烛在大气中燃烧产生的气体，两者性质是一样的。尽管我们制取二氧化碳的两种方法有很大区别，但最终，大家都会看到，不论我们用哪一种方法，得到的气体其实都是一样的。

为了摸清这种气体的脾气，看清它的本质，我们再拿这种气体进行下一个实验。这是一个盛满这种气体的容器，我们要像对试过的很多气体一样，对它也试一下，看看它能不能燃烧。大家看，它是不可燃的，也不帮助别的东西燃烧。我们知道，它也不怎么溶于水，因为我们从水面上把它收集起来非常容易。除了这些，大家知道，在它与石灰水相遇后，一种乳白色的物质生成了，而这种乳白色的物质又还原成了碳酸钙或石灰石。

9.二氧化碳微溶于水

接下来，我必须向大家说明的是，这种物质在水中实际上略有溶解，所以在这方面它不像氧和氢。这里有一个装置可以用来制取这种溶液。这种装置的下层是大理石和酸，上层是水。上下层之间设有几个阀门，用来让气体可以在上下层之间流动。我现在启动这个装置，大家能看到水里有气泡向上冒，其实它整夜都一直这样。这个时候有一部分气体已经溶解在水中，如果我取一个玻璃杯舀些水，尝一尝，就会有酸味。也就是说，水里已经有二氧化碳了。如果我现在向里面加入一点儿石灰水，这水马上就变浊变白了，这就证明了里面含有二氧化碳。

10. 二氧化碳的重量

和空气比，二氧化碳非常重。我在下面的表格中列出几种气体单位体积的重量，对我们讨论过的几种气体进行比较：[①]

---

① 表中括号内已换算成克。——编辑注

名称	格令 / 品脱	盎司 / 立方英尺
氢	$\frac{3}{4}$（0.04875 克）	$\frac{1}{12}$（2.3625 克）
氧	$11\frac{9}{10}$（0.7735 克）	$1\frac{1}{3}$（37.8 克）
氮	$10\frac{4}{10}$（0.676 克）	$1\frac{1}{6}$（33.075 克）
空气	$10\frac{7}{10}$（0.6955 克）	$1\frac{1}{5}$（34.02 克）
二氧化碳	$16\frac{1}{3}$（1.0617 克）	$1\frac{9}{10}$（53.865 克）

1 品脱二氧化碳重 $16\frac{1}{3}$ 格令（1.0617 克），1 立方英尺重 $1\frac{9}{10}$ 盎司（53.865 克）。通过很多实验能够证明，二氧化碳是一种比较重的气体。我现在取一只玻璃杯，里面除了空气什么都没有，试着从这个盛装二氧化碳的玻璃杯中向空玻璃杯中倒出一点儿这种气体。但是否真倒了进去，我表示怀疑，因为从外观上我辨别不出来。那怎么办？我拿一支点燃的蜡烛来试试就知道了。是的，大家看，放入的蜡烛熄灭了（图 38）。假如我不想动用蜡烛，用石灰水也能对二氧化碳进行检验，因为有乳白色的物质出

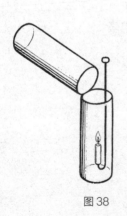

图 38

现。除了以上办法，我还可以用这个小桶，把它放入二氧化碳的"井"里去检验。事实上，我们常常也真的会碰上二氧化碳"井"，现在，如果这口"井"里有二氧化碳，我这时已经打捞到手了。我们还是用这个蜡烛来检验。大家看，蜡烛又熄了，说明小桶里满满都是二氧化碳。

我还要做一个实验来说明二氧化碳的重量。我在天平的一端挂上一个空玻璃筒，然后放上砝码，它现在处于平衡状态。但是当我向这个盛有空气的玻璃筒里注入二氧化碳，大家会看到玻璃筒这一头立刻下沉（图39）。现在，如果我用点燃的蜡烛去检验，就会发现玻璃筒里的确倒入了

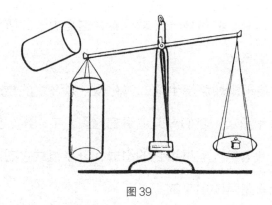

图39

二氧化碳，因为里面的气体不再有任何助燃作用。如果我再向玻璃筒里吹一个肥皂泡，由于肥皂泡里充满空气，因而它会飘浮着而不触底。但是玻璃筒里有多少二氧化碳，我们还不太清楚，因此我要先让一个充满空气的小气球去检测一下。大家看，小气球浮在二氧化碳上，说明筒内的二氧化碳已经处于这样的高度。如果我加入的二氧化碳更多一些，那么这个小气球就会升得更高。看，小气球已经快要升到瓶口了（图40），这表明这个玻璃筒里的二氧化碳快满了。现在我要吹一个肥皂泡，看看它能否同样飘浮在上面。请大家看，它落进了盛二氧化碳的玻璃筒，像气球一样飘浮着，这是由于二氧化碳比空气重。

图40

关于蜡烛燃烧生成二氧化碳，以及它的物理性质和重量，我们今天就讲到这里。下一次见面时，我要给大家讲讲它的组成，以及组成它的这些元素是从哪里来的。

第六讲

1. 两支日本蜡烛

　　一位赏光来此聆听讲座的女士馈赠我两支日本的蜡烛，我推测它们是由我在前次报告中提到的材料制成的。大家看，它们装饰之盛甚至远远超过了法国蜡烛，我认为，从外观就可以判定这是豪华型蜡烛。它们有一个显著特点——就是说，蜡烛芯是空的——是阿尔甘（Argand）[①]把这优异特点赋予油灯，使它如此实用。对从东方

[①] 阿尔甘（Ami Argand），法国（也有说瑞士）化学家，18世纪 80 年代发明了管形灯芯燃烧器。这种燃烧器被称为阿尔甘灯。——编辑注

收到这样礼物的人，我要说，这礼物和这样的蜡烛原料逐渐发生了一种变化，使外表变得暗淡无光，但是如果用清洁布和丝质手帕擦拭，去除细小的皱皮和糙粒，就会使美丽色彩复原，这些东方礼物不难重现当初的美丽。我就是这样擦拭了其中的一支，请看，与这些外表没有打磨过的比起来，它是多么不一样。而同样处理后，这些也可以恢复光彩。再来观察一下，这些来自日本的模制蜡烛比世界上其他地方的模制蜡烛，有更完美的圆锥形状。

2. 碳在空气和氧气中的燃烧

上一次报告会中，关于二氧化碳，我给大家讲了很多。通过石灰水实验，我们发现，当蜡烛或油灯的水蒸气被收进瓶里，并加入溶解的石灰水（它的成分我已经讲解过，并且大家自己也能制作）时，我们便获取了那种白色的不透明物，事实上它是一种石灰质，和贝壳、珊瑚以及地球上很多岩石和矿场中的矿物一样。但我还是没有清楚完整地给大家介绍蜡烛燃烧生成二氧化碳的化学过程，所以我必须在这儿给大家讲一讲。

蜡烛燃烧生成的各种产物，我们已经清楚了解了，对它们的性质也做了一些研究。我们已经从产生自蜡烛的水追踪到它的构成元素，现在我们必须弄清楚由蜡烛燃烧生成的二氧化碳及其元素出自何处。下面我们就用几个实验来说明。大家知道当一支蜡烛燃烧不充分时会产生黑烟，但是如果燃烧正常就不会有烟产生。大家知道，正是这种黑烟高温燃烧决定了蜡烛的明亮程度，想要蜡烛明亮，黑色的颗粒不呈现在我们面前，就要使黑烟在蜡烛的火焰中不停地燃烧。

以下实验证明了这一点：在一块海绵上洒一点松节油，点上火。大家看，现在黑烟冒了出来，大量飘入空中。请记住，蜡烛燃烧生成的二氧化碳也来自那样的黑烟。为了让大家看清楚，我要把这块洒了松节油并燃烧的海绵放入一个含有大量氧的玻璃瓶内，现在大家看到这些黑烟一下子无影无踪了，刚才松节油燃烧时以黑烟形式冒出来的碳，这会儿已完全燃烧。通过这个简陋的实验，我们会发现其结论与我们从蜡烛燃烧得出来的结论完全一致。大家只要全神贯注地观察，都可以一目了然这种经过精简了实验步骤的简单实验，并且毫无困难地理解它的整个变化过程。

通过上述实验得知：碳在空气或氧气中燃烧可生成二氧化碳。如果要使碳燃烧完全并发光明亮，那就一定要有充足的空气；如果没有足够的空气帮助它燃烧，多余的碳便乘机出逃，因而也就产生了团团黑烟、火光暗淡的现象。

弄清楚这些道理后，对碳和氧结合产生二氧化碳的化学过程大家就更易理解了。为了让大家更清楚地理解这一点，我又准备了三四个实验来进行说明。这个玻璃瓶里盛满氧气，这是一些碎炭，放在火炉里已被烧得又红又烫。我把这些碎炭放入充满氧气的玻璃瓶中去烧，看看会有什么不同。从远处看，它燃烧起来好像冒着火焰，事实上不是这样。每一小块碎炭烧起来都像一个小火花，只是单纯地发光而已，而二氧化碳便在这样的燃烧中产生了。我要再做两三个实验来指出以下结论：碳的燃烧是有光而无火焰的。

这次，我用块大木炭来代替碎炭，以便大家清楚地看到它的燃烧形式、规模和它所起的反应。这有一瓶氧，还有一块木炭，我在上面绑了一小块木头，用它引火，这样可以让炭很快燃烧，没有这个可能不太方便。大家现在看到了炭在燃烧，但并无火焰（但是，在燃烧的炭周围，产生了一种可燃性的气体一氧化碳，它会和氧气发生反应从而出现一点儿火苗）。燃烧还在继续，看！碳与氧结合后，慢慢产生二氧化碳。

我这儿还有一块用树皮烧成的木炭，它在燃烧时会爆裂成许多微小的颗粒。和木炭燃烧没有区别，这些燃烧的小颗粒同样没有火焰，只是发光。此时，大家看到很多小小的颗粒在发光，没有火焰。我不知道还有哪个实验会比这个更好，能如此清晰地把碳燃烧时的情况表现出来。

二氧化碳很快就这样由碳和氧生成了。如果我们用石灰水验证，大家会看到结果与我先前的描述是一样的。按重量计算，我们把 6 份碳（取自烛焰或取自木炭碎末皆可）与 16 份氧放在一起，化合后会得到 22 份二氧化碳。同时，像上次看到的那样，再用 22 份二氧化碳与 28 份石灰化合，又会产生普通的碳酸钙。如果你拿只牡蛎壳，并分析它各个成分的重量，就会发现，每 50 份牡蛎壳里含有 6 份碳、16 份氧和 28 份石灰。但是，我不想让大家在这些细枝末节上耗神，我们现在研究的只不过是事物内部的一般原理。我们还是看看木炭的燃烧情况吧。[指着在氧气瓶内安静燃烧的一块木炭。] 这块木炭几乎烧完了，事实上，如果这块木炭由纯净的碳元素组成——这个我们很容易准备——就不会有任何残渣。如果我们有不掺入任何杂质的纯碳元素，其燃烧后便不会有余灰。碳作为一种固体物质燃烧，仅仅凭高温并不能改变其固体性质，尽管它最终仍然要转化成气态，并在一般情况下既不能凝结为

固态也不能成为液态。更为奇特的是：氧气在帮
助碳燃烧的过程中，虽然不断地和碳发生反应生
成二氧化碳，但是它的体积并没有任何变化。

3. 从二氧化碳分解出碳

我必须再做一个实验，才能让大家完全掌握
二氧化碳的特性。作为氧和碳的化合物，二氧化
碳应该也可以被分解。这一点我们能够做到，就
像分解水那样，我们可以把二氧化碳分解成两部
分。最便捷的做法是让二氧化碳和可使氧游离的
物质反应，把二氧化碳中的氧吸出来，留下碳。
回忆一下，我曾把钾放入水或冰中，大家都看到
了它怎样把氧从氢那里夺走。现在我们同样要用
某种东西与二氧化碳发生作用。大家知道二氧化
碳是一种比较重的气体。我不打算用石灰水来进
行实验，因为那会干扰我们下一步实验，但我认
为这种重气体和它的灭火威力会使实验的效果非
常明显。我把火焰引向二氧化碳，大家看看火有

没有熄灭。看，火灭了。的确，这种气体或许还可以熄灭磷的燃烧，而大家知道磷是易燃的。我们可以通过实验来看一下我们推测的结果：在二氧化碳中放入一块正在燃烧的磷。看！它熄灭了，但是将它移入空气中又会着起火来。现在我取一块钾，这种物质即使在常温下都能与二氧化碳发生反应，虽然不够充分，达不到我们当前的目标，因为它很快就会形成一层保护膜；但是如果我们先在空气中把它加热到燃点，再放进二氧化碳中，它照样可以燃烧。既然可以燃烧，一定是靠夺取氧来维持下去，如此一来，大家就会看到，二氧化碳失去了氧还剩下了什么东西。

接下来，我要在二氧化碳中点燃这块钾，来证明二氧化碳中有氧的存在。[在加热的预备过程中钾爆炸了。] 有时候我们会遇到这种情况，钾点燃后会爆炸，得到一块像这样不中用的钾。我再换一块，它是加热过的，我把它放入瓶内，请观察它在二氧化碳中燃烧——它不像在空气中燃烧得那么好，毕竟二氧化碳中没有独立的氧存在，氧都是和碳结合在一起的。但是它确实在燃烧，并且夺走了氧。如果现在我把这块钾放入水中，发现除了有碳酸钾生成（你们不必考虑这个），还有一定量的碳生成。尽管我在这里做的实验很粗糙，但是我可以肯定地告诉大家，假如我仔仔细细地做，得用上一整天而不是五分钟，我们就会看到在这个勺子里留下一些碳，这个实验结果无须怀疑了。看，我们在二氧化碳中分离出来的这种普通的黑色物质就是碳。二氧化碳是由碳和氧结合而成的，这完全可以通过这个实验证实。现在我可以告诉大家，在通常情况下，碳燃烧都产生二氧化碳。

4. 木材、蜡烛、煤气等物质中含有碳

假设我把这块木头放入一瓶石灰水里，然后拿起瓶子摇晃，尽量让里面的木头、石灰水与空气接触，但只要我一停下来，它仍然如大家看到的那样清澈。但是如果我把这块木头放在装有空

气的瓶内燃烧，当然，你们知道我得到了水。但是我要问，产生二氧化碳了没有？［实验已经完成了。］有的，大家看，木头在瓶里燃烧后，石灰水就立刻变成白色了。这就是说，石灰水与二氧化碳反应生成了碳酸钙，显然二氧化碳一定来自于碳，而碳则来自于木材、蜡烛或其他东西。确实如此，大家自己经常做这个有趣的小实验，从中可以证明木材中碳的存在。假如你取一块木材，让它部分燃烧，然后吹熄，就得到残留的碳。有些物质中的碳不以这种方式显示出来。蜡烛就不是这样，但是它含碳。这儿还有一瓶煤气，煤气在燃烧时产生大量的二氧化碳。大家看不到碳，但是瞬间我们就可以让它显露出来。我用火把煤气点燃，只要这个瓶里还有煤气，它就会继续燃烧。大家看不到碳，但是看到了火焰，因为这亮光让你猜测这火焰中有碳。

我再用另外的方法向你展示碳的存在。我在这个容器里装了一些煤气，还混有一种可以使氢燃烧，但不能使碳燃烧的物质。现在，我把它点着，看，氢一下子烧了起来，可碳却并没有烧起来，只是磨磨蹭蹭地变成一股浓浓的黑烟。

我希望通过这几个实验，让大家逐渐明白碳在什么情况下出现，理解煤气或其他物质在空气中充分燃烧时还会生成哪些物质。

5. 碳与众不同的燃烧特性

在结束碳这一主题之前，让我们再做几个实验来说明碳与众不同的燃烧特性。大家已经看到过，碳是以固体形态进行燃烧的；还看到，在它燃烧之后便不再是固体而是变成一种气体了。很少有燃料有类似反应。事实上，只有碳这个大家族，如煤、炭、木材等，才具备这样难得的燃烧方式。除了碳之外，没有哪种单质在燃烧时具有这样的特性。如果碳燃烧不是如此，那么将会怎样呢？设想所有的燃料都像铁一样，一燃烧起来，便成为沉重的固体，那么我们就不会有壁炉中的熊熊火焰了。

这里还有另一种燃烧性能非常好的燃料，即使不比碳更强，但也不输于碳。确实如此，它在空气中能够自燃，如大家所见。现在，我折断一只装满引火铅的细管。把细管里的东西全倒出来，堆在一个铁盘上。这种物质是铅粉，请看它是多么容易燃烧。它们一粒一粒地分开，像火炉里的一堆煤，这样空气可以接触它的表面和内部，所以它燃烧得这么好。但是为什么它们聚成一堆时，燃烧起来就成了这个样子呢？这是因为空气接触不到它。尽管它能产生火炉中产生的高温，但还有一些燃烧时产生的硬块附着在原处。这一部分硬块隔绝了空气，不能使里面的铅粉燃尽。

这与碳是多么不同啊！碳燃烧起来恰好与铅同样强烈，在壁炉里带来烈火，把它放在哪里烧都一样；但是燃烧产生的物体随即消散，留下来的碳也会烧尽。我给大家展示过碳在氧中的燃烧过程，特别干净充分，毫无灰烬。可是我们面前这堆引火铅不仅烧出了残渣，而且由于燃烧时与氧化合，残渣的数量和重量，都要比原先的引火铅既多又重。通过这个实验，大家看到了碳与铅或铁的差别——如果我们选择铁，铁的燃烧无论是在发光还是发热方面，都比铅的燃烧有过之而无不及。假如碳燃烧时也生成固体物质，你会得到一屋子的不透明物质，就像磷燃烧时出现的情况；然而事实并不如此，碳燃烧时分解的物质都排入空气中了。燃烧之前的状态是稳定、几乎不变的；但是燃烧之后，它变成了气体，很难（虽然我们取得过成功）再变成固体或液体了。

6. 蜡烛的燃烧与人体内的"燃烧"有什么关系？

现在我要带大家进入一个十分有趣的话题——蜡烛的燃烧与在我们体内进行的生命燃烧之间有什么样的关系。我们每个人的生命燃烧过程都与蜡烛燃烧过程非常相似，我一定尽力让这个道理浅显易懂。因为这并不仅仅是富有诗意的比喻——人的生命与一支蜡烛的关系，如果大家愿意听，我想我能够把它阐释清楚。

为了清楚地说明两者之间的关系，我设计了一个当场就可以做好的小装置（图41）。这是一块木板，上面有一道沟槽，这道沟槽用一个小盖子遮住后便成了一道暗沟，两端留下通孔。接下来我把沟槽两端各罩上一个玻璃管，这样两根玻璃管之间就形成了一条通道。假设我取一支蜡烛（现在我们可以任意使用"蜡烛"这个词了，因为我们理解了它的含义），把它放在其中一只玻璃管内，看，它可以继续燃烧，而且燃烧得很好。蜡烛燃烧的空气从玻璃管的一端向下进入，然后沿沟槽行进，最后上升进入放有蜡烛的玻璃管。如果我堵住空气的进入孔，停止

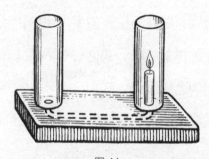

图41

了空气供给，结果蜡烛熄灭了。这个道理，你们是怎么想的呢？如果我用一个稍微复杂的装置，把另一支蜡烛产生的气体导入这根玻璃管里，这支蜡烛就会熄灭。但是如果我说我呼出的气体使蜡烛熄灭，大家会怎么想？当然，我的意思并不是用嘴去把它吹灭，我只是说，从我的肺部呼出的气体，本身就具有这样的性能，在这股气体的势力范围内，蜡烛的燃烧同样无法继续。现在我要把嘴巴对着玻璃管口，不用任何方式吹动蜡烛，除了我嘴里的呼气之外也没有空气进去。大家注意，蜡烛不是我吹灭的。我差不多让我呼出的气全都从管孔进去，结果蜡烛因为氧气不足而熄灭了，没有别的原因。空气中的氧在我肺部呼吸阶段已经被拿走了，蜡烛继续燃烧的条件已经不具备了。现在我要给大家再做一个实验加深一下理解，因为这是我们研究中重要的一部分。

这里有一个盛着新鲜空气的瓶子，如同大家以前见过的，里面有适于蜡烛或汽灯燃烧的条件。我把瓶口封闭起来，通过插入瓶口的管子我可以吸气和呼气。大家看，这样把瓶子放在水盆中，我能够把空气吸上来（假设软木塞非常紧），吸入我的肺部，然后再把它呼到瓶子里。大家注意，我先是吸入空气，然后呼出，水面随之发生升和降。现在，我在这瓶中放入一支点燃的蜡烛，看看它的燃烧情况会发生什么变化。看，我只需要这么一吸一呼，一个来回，根本用不着第二个来回，瓶里的空气就全部遭到了破坏，

丧失了原有的助燃性能——蜡烛熄灭了。大家看，仅仅一次呼吸，这空气就变得如此糟糕，所以就不难理解新鲜的空气对我们的健康是多么重要了（图42）。

图42

我们再用石灰水做进一步的研究。这里有一个球状瓶，里面盛装着石灰水，瓶口插入两根管子，好让空气从中出入，这样我们就可以弄清经过呼吸和未经过呼吸的空气，对石灰水会

产生什么反应。因为这样一安排，我既能通过
A 管，从瓶中将空气吸入肺内，同时也能通过 B
管，让我肺内的气体跑到瓶底去，把它对石灰水
所起的作用显示出来。无论我从 A 管吸多久瓶
中的气，石灰水都不会变浑浊。但是通过 B 管，
我把肺中的气吹入石灰水，只吹出几
下，石灰水就变成乳白色了。这表明所
呼出的空气已经对石灰水产生了作用。
现在大家了解了：我们的呼吸之所以破
坏了空气是二氧化碳搞的鬼。确实，石
灰水一和它碰面就变成了乳白色，这是
最好的证据（图 43）。

图 43

　　我们还可以用另一个实验来证明这
一点。我这里有两只玻璃瓶，一只盛装
石灰水，另一只盛装普通的水，两只玻璃瓶中
间有根弯弯的管子连通。这个装置很简陋，但
它很有用，实验效果也很好。瓶子里的空气会在
我对着管子吸气时进入我的肺，而呼出的气体只
能进入石灰水。玻璃瓶里将会出现两种情况，一

种是：未经呼吸的空气对石灰水毫无作用；另一

种是，单凭我呼出的气体，石灰水便发生了变化

（图44）。

图44

现在我们再进一步分析一下，那蕴藏于我们

体内、不离不弃、不舍昼夜、不可或缺、不以我

们的意志为转移的变化过程，究竟是什么呢？如

果我们尽力抑制呼吸，抑制到了一定程度，就能

把自己憋死。我们入睡时，呼吸器官及相关系统

依然在不停地工作，因此呼吸过程，即让肺与空

气接触，对我们而言不可或缺。这一生理变化的实质我也必须跟大家简单谈谈。我们吃掉的食物，会经过我们体内复杂的消化器官送往身体的各个部件，其中一部分以血液的形式，通过某组器官输送到肺部。与此同时，经由呼吸系统的空气进入肺部，与经过消化系统送来的食物便挨在一起，它们之间仅有极薄的薄膜分隔。通过这一过程，空气与血液发生反应，其产生的结果与我们从蜡烛燃烧过程中看到的结果高度相似。蜡烛与部分空气结合，形成二氧化碳，产生热量。这一奇妙完美的转化也是这样在肺部发生的。进入肺部的空气与碳结合，产生二氧化碳，然后被呼出体外，进入空气，同时也产出了维持我们生命所需的热量。

因此，我们也可以把食物看作我们身体内部的燃料。我取一块糖来分析，大家就会更清晰了。糖是碳、氢和氧的化合物，它的成分和蜡烛完全一样，差别仅在于各成分的组合比例不同。它的各种成分比例如下所示：

糖

碳⋯⋯⋯72

氢⋯⋯⋯11

氧⋯⋯⋯88 } 99

大家一定清楚记得：水中的氢和氧的比例竟和糖中一样，所以我们可以说糖是由 72 份碳和 99 份水构成的，而糖所含的碳与空气中的氧经由呼吸过程结合，又把我们变得像蜡烛一样，经过微妙的反应，释放热量，生成我们赖以生存的宝贵之物。

为了让你们对此有更为深刻的印象，我还要再举个例子。为了节省时间，我用含三份糖一份水的蜜糖来进行实验。如果我在上面放一点儿浓硫酸，稍微搅拌一下，它就会吸走糖中的水分，剩下黑乎乎的一团炭。[法拉第教授把这两种东西混合在一起。]正是在这些糖中得到了黑炭。大家知道，糖是一种甜甜的食物，而我们这儿的糖却变成了一块货真价实的黑炭，这让人想不到。如果我想办法让糖中的碳氧化，结果会更让人震惊。这是糖,这是氧化剂——比空气来得更快;我们要用形式上与呼吸不同——尽管类别并无不同——的过程把这一燃料加以氧化。这是碳与我们身体供给的氧发生接触,产生了燃烧。如果我现在让糖与氧化剂发生反应,大家就会看到糖马上燃烧起来。这种情况与发生在我们肺部的情况一样,只不过肺中的氧气来源于空气,作用过程比较缓和而已。

7. 碳在自然界的循环

如果我告诉大家碳的这些奇妙变化,归结起来用数字表示的话,你们会大吃一惊。一支蜡烛可以燃烧 4 ~ 7 小时,一个人每天要连续不断地呼吸 24 小时。那么以二氧化碳形式每天排入大气中的碳总量可想而知有多么大!在承载如此之多的燃烧和呼吸的情况下,碳所发生的千变万化多么惊人!一个人呼吸 24 小时相当于把 7 盎司(198.45 克)的碳转化成二氧化碳;一头奶牛每天制造二氧化碳所用的碳是 70 盎司（1984.5 克），一匹马是 79 盎司（2239.65 克）。也就是说，一匹马在 24 小时里要维持体温需要燃烧 79 盎司的碳。所有恒温动物都要以碳化合物的变化来获得体温。仅就伦敦而言，每天由呼吸产生的二氧化碳就有 500 万磅（2267.96 吨）之多。

这么多二氧化碳都跑到哪里去了呢？它们都跑到了空气中。如果碳像铅或铁那样在燃烧中产生一种固体物质，结果会怎样？结果将不堪设想，燃烧不可能持续下去。碳燃烧时产生的气体散布于空气中，而空气这个巨大的载体把它运送到了另外的地方。那么它究竟去了哪儿呢？非常奇妙的是，这些由呼吸产生、对我们而言十分有害的二氧化碳，对地球表面生长的植物和蔬菜却非常有益，可以帮助它们生长，并维持它们的生命。在广阔无垠的海洋世界中，情况也是如此，鱼类和其他水生动物的呼吸也是基于同样的原理，只是与外界空气接触的方式有所不同。

比如我这个球形缸里的金鱼，它们吸进溶解

在水中的氧，吐出二氧化碳，它们在水中游来游去，为动植物共存的环境贡献了自己的力量。所有生长在地面上的植物，都要吸取碳，而这些碳，正是我们人类呼出去的。植物无法在我们认为清洁的空气中生存，只有在含有二氧化碳的环境中，它们才可能枝繁叶茂、开花结果。空气中对人类有害的物质，在植物身上却非常有用。我们就是这样，不仅与同类依存，而且与环境共生，整个大自然的生命在互相配合的法则下连接在一起。

8. 不同物质的燃烧点各不相同

在我们的报告即将结束时，我还有个问题必须跟大家说一下。它跟我们看到的这些化学反应，跟我们提到的氧、氢和碳的不同状态都有一定的关系。刚才我给大家看了我点燃的铅粉，看到这种铅粉一旦暴露于空气中，便发生反应。这是一种化学亲和力，就是它推动了我们之前的化学反应。

当我们呼吸时，体内也进行着同样的化学反应。当我们点燃一支蜡烛时，不同部分的吸引立即进行，亲和力也随之开始。铅燃烧的这个例子正是化学亲和力的一个完美范例。如果铅燃烧的产物能飞离其表面，那么铅也会持续燃烧，并且直到烧完为止。可是，大家记得，碳和铅在这一点上是不同的，只要有空气，铅就立即发生反应，而碳则可以待上数日、数周、数月或者数年也不会起什么变化。在赫库兰尼姆城①废墟中发现了用碳墨水写成的手稿，该手稿距今已有 1800 多年的历史，尽管已暴露于各种环境中，但字迹还挺清晰，并未完全变色。

那么，究竟是什么原因造成铅与碳在这方面表现不同呢？碳明明是一种燃料，但它的燃烧却拖泥带水，不像铅那样痛快，这岂不是件怪

---

① 赫库兰尼姆是意大利的一座古城，公元 79 年维苏威火山喷发时被毁。——编辑注

事。比方这支蜡烛，除非你点燃它，否则它可以等上数年都不会改变。煤气也是一样，当它从管道中喷出，除非热到一定程度，否则它也不会自行燃烧。如果我把它吹灭，正在释放的气体便停住，直到下一次用火才能把它点燃。而更为有趣的是，由于不同物质的着火点是不同的，所以它们等待燃烧的方法也是不同的。有的要等到温度升高一点便可燃烧，有的则要升高很多。我这里还有一点儿火药和火棉，它们的燃烧条件也不相同。火药是由碳和其他物质组成的，这使它高度易燃；火棉也是一种易燃品，它是一种浸透了硝酸的炸药。这会儿它们都在等待，等达到自己的燃烧点才开始燃烧。

我们用一根烧烫了的铁丝凑近火棉，看看哪一个先开始反应。看，火棉已经有了反应，但是即使铁丝的最热部分也不够热到能点燃火药。这说明不同物质的燃烧点是各不相同的。在这个例子中，有的物质会一直等待，直到温度达到燃烧点才发生反应；有的物质，如同参与我们呼吸作用的，从不拖拉，立即燃烧。空气一进入我们肺部，便与碳结合在一起，即便是在人体不致冻僵的最低温度下，反应也立即开始，产生二氧化碳，经由肺部呼出，一切便如此正常有序地进行着。大家看，呼吸与燃烧之间的共同点就更加明显了。

在报告即将结束时，我要对大家说出我的一个希望。人的生命迟早都得走向终点。祝你们这一代可媲美蜡烛，愿你们的生命之烛尽力燃烧，照亮身边的人，愿你们以高尚有益的行为证明蜡烛之美，为你们这一代人尽责终生。